C++程序设计实验指导

孟桂娥 编著

上海交通大学出版社

内 容 提 要

本书由 18 个实验项目组成，前 12 个主要覆盖过程化设计部分，后 6 个则侧重于面向对象设计部分。每个实验由编程示例、调试示例或改错题以及编程题组成。学生可以先通过编程示例的学习，加深对基本知识理解；然后通过调试示例和改错题的练习，了解常见错误以及相应的解决方法；最后独立完成编程题。沿着"模仿—改写—调试—编写"的步骤，循序渐进地熟悉编程环境，掌握基本的程序调试方法，从而掌握程序设计的思想、方法和技巧，提高发现问题、分析问题和解决问题的能力。

本书可作为各大专院校程序设计课程的教学辅导用书，也可作为读者的自学参考资料。

图书在版编目(CIP)数据

C++程序设计实验指导/孟桂娥编著.—上海：上海交通大学出版社，2015(2018 重印)
ISBN 978-7-313-13622-0

Ⅰ.①C… Ⅱ.①孟… Ⅲ.①C 语言–程序设计–高等学校–教学参考资料
Ⅳ.①TP312

中国版本图书馆 CIP 数据核字(2015)第 186136 号

C++程序设计实验指导

编　　著：孟桂娥
出版发行：上海交通大学出版社　　　　　地　　址：上海市番禺路 951 号
邮政编码：200030　　　　　　　　　　　电　　话：021-64071208
出 版 人：谈毅
印　　制：常熟市文化印刷有限公司　　　经　　销：全国新华书店
开　　本：787mm×1092mm　1/16　　　　印　　张：12
字　　数：288 千字
版　　次：2015 年 9 月第 1 版　　　　　　印　　次：2018 年 8 月第 4 次印刷
书　　号：ISBN 978-7-313-13622-0/TP
定　　价：29.00 元

版权所有　侵权必究
告读者：如发现本书有印装质量问题请与印刷厂质量科联系
联系电话：0512-52219025

前　　言

《C++程序设计实验指导》是为学习程序设计语言C++的读者准备的,与同期出版的《C++程序设计》(翁惠玉编著)一书配套使用,也可以与其他介绍C++的教材配套使用。

"C++程序设计"是高等院校重要的计算机基础课程,又是实践性很强的课程。在教学过程中,很多学生反映课听懂了,但题不会做,以至于丧失学习的兴趣。究其主要原因是学生在学习过程中过分重视程序设计语言本身,过分强调理解语言的语法,而没有把重点放在解决问题的思想与方法上面。鉴于课程的特点,学习者必须通过大量的编程训练,在实践中才能真正掌握程序设计语言的知识,并逐步理解和掌握程序设计的思想与方法,培养解决实际问题的能力。

本书由18个实验项目组成,前12个主要覆盖过程化设计部分,后6个则侧重于面向对象设计部分。每个实验由编程示例、调试示例或改错题以及编程题组成。学生可以先通过编程示例的学习,加深对基本知识的理解;然后通过调试示例和改错题的练习,了解常见错误以及相应的解决方法;最后独立完成编程题。沿着"模仿—改写—调试—编写"的步骤,循序渐进地熟悉编程环境,掌握基本的程序调试方法,从而掌握程序设计的思想、方法和技巧,提高发现问题、分析问题和解决问题的能力。

本书可作为大专院校程序设计课程的教学辅导用书,也可作为读者的自学参考资料。对于只需要掌握过程化设计方法的读者完成前面12个实验项目即可,而对编程能力要求比较高的读者建议尽量完成实验编程题的提高题。

由于作者水平有限,书中存在的不足之处,敬请读者指正。欢迎读者将反馈意见发到作者的电子邮箱:gemeng@sjtu.edu.cn。

最后,我要感谢上海交通大学电信学院程序设计课题组的各位老师、学生以及帮助过我的朋友们。

目 录

实验 1　C++语言编程环境与程序设计步骤 ················· 1
　　实验目的 ··· 1
　　实验内容 ··· 1
　　实验结果与分析 ·· 9

实验 2　用 C++编写简单程序 ······································ 10
　　实验目的 ·· 10
　　实验内容 ·· 10
　　实验结果与分析 ··· 14

实验 3　分支结构程序设计 ·· 15
　　实验目的 ·· 15
　　实验内容 ·· 15
　　实验结果与分析 ··· 21

实验 4　循环结构程序设计 ·· 22
　　实验目的 ·· 22
　　实验内容 ·· 22
　　实验结果与分析 ··· 28

实验 5　数组程序设计 ·· 29
　　实验目的 ·· 29
　　实验内容 ·· 29
　　实验结果与分析 ··· 37

实验 6　字符串 ··· 38
　　实验目的 ·· 38
　　实验内容 ·· 38
　　实验结果与分析 ··· 42

实验 7　C++输入 ·· 43
　　实验目的 ·· 43

　　　　实验内容 ·· 43
　　　　实验结果与分析 ·· 50

实验 8　函数程序设计 ··· 51
　　　　实验目的 ·· 51
　　　　实验内容 ·· 51
　　　　实验结果与分析 ·· 60

实验 9　指针与数组 ··· 61
　　　　实验目的 ·· 61
　　　　实验内容 ·· 61
　　　　实验结果与分析 ·· 69

实验 10　指针数组与函数指针 ·· 70
　　　　实验目的 ·· 70
　　　　实验内容 ·· 70
　　　　实验结果与分析 ·· 77

实验 11　结构体与链表 ··· 78
　　　　实验目的 ·· 78
　　　　实验内容 ·· 78
　　　　实验结果与分析 ·· 86

实验 12　模块化设计 ·· 87
　　　　实验目的 ·· 87
　　　　实验内容 ·· 87
　　　　实验结果与分析 ·· 94

实验 13　类的定义与使用 ··· 95
　　　　实验目的 ·· 95
　　　　实验内容 ·· 95
　　　　实验结果与分析 ·· 107

实验 14　运算符重载 ·· 108
　　　　实验目的 ·· 108
　　　　实验内容 ·· 108
　　　　实验结果与分析 ·· 115

实验 15　组合与继承 ·· 116
　　　　实验目的 ·· 116

　　　　实验内容 ·· 116
　　　　实验结果与分析 ·· 132

实验 16　模板 ·· 133
　　　　实验目的 ·· 133
　　　　实验内容 ·· 133
　　　　实验结果与分析 ·· 137

实验 17　异常处理 ··· 138
　　　　实验目的 ·· 138
　　　　实验内容 ·· 138
　　　　实验结果与分析 ·· 144

实验 18　输入/输出与文件 ·· 145
　　　　实验目的 ·· 145
　　　　实验内容 ·· 145
　　　　实验结果与分析 ·· 150

附录 A　Code∷Blocks 10.05 简介 ··· 151
附录 B　实验报告格式 ·· 180

参考文献 ·· 181

实验1 C++语言编程环境与程序设计步骤

实验目的

(1) 熟悉C++语言编程环境Code::Blocks 10.05,掌握运行一个C++程序的基本步骤,包括编辑(edit)、编译(compile)、连接(link)和运行(run)。

(2) 了解C++程序的基本框架,能编写简单的C++程序。

(3) 了解程序调试的基本思想,能找出程序中的语法错误并改正。

实验内容

C++语言是一种编译性的语言,设计好一个C++源程序后,需要经过编译、连接、生成可执行的程序文件,然后执行并调试程序,如图1.1所示。一个C++程序的开发步骤可分成如下几个步骤:

(1) 分析问题。根据实际问题,分析需求,确定解决方法,并用适当的工具描述它。

(2) 编辑程序。编写C++源程序,并利用一个编辑器将源程序输入到计算机中的某一个文件中。文件的扩展名为.cpp。

(3) 编译程序。编译源程序,产生目标程序。文件的扩展名为.obj。

(4) 连接程序。将一个或多个目标程序与库函数进行连接后,产生一个可执行文件。文件的扩展名为.exe。

(5) 运行调试程序。运行可执行文件,分析运行结果。若有错误进行调试修正。

在编译、连接和运行程序过程中,都有可能出现错误,此时要修改源程序,并重复以上过程,直到得到正确的结果为止。

1. 编程示例

目标:在屏幕上显示"Hello Everyone!"。

```
1   #include <iostream>
2
3   using namespace std;
4
5   int main()
6   {
```

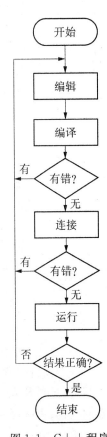

图1.1 C++程序开发过程

```
7      cout << "Hello Everyone!" << endl;
8      return 0;
9  }
```

下面以上述C++语言源程序为例,介绍在Code::Blocks环境下建立并运行一个C++程序的基本步骤。

(1) 建立存放源程序的文件夹。在磁盘上新建一个文件夹,用于存放C++程序,例如:D:\PROGRAM_CPP。因为MinGW里的一些命令行工具,特别是我们会用到的调试器,对含有中文或空格的目录名和文件名支持有问题,所以在命名目录和文件的时候最好遵循以英文字母或下划线开头,随后是英文字母、数字或下划线的组合规则。

(2) 启动Code::Blocks。依次选择"开始"—"所有程序"—"Code::Blocks"—"Code::Blocks",进入Code::Blocks编程环境,如图1.2所示。

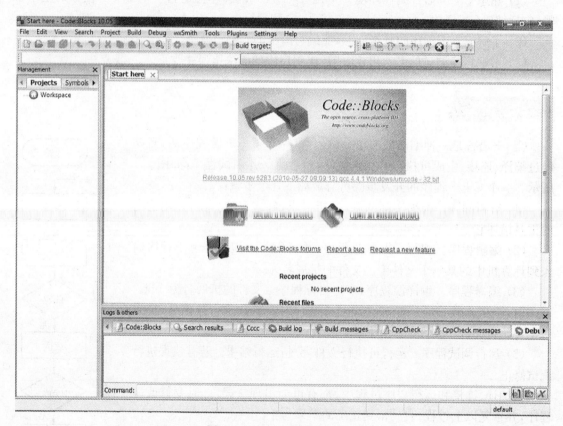

图1.2 Code::Blocks主窗口

(3) 新建项目。依次选择"File"—"New"—"Project...",出现对话框,如图1.3所示。

这个窗口中含有很多带有标签的图标,代表不同种类的工程。本书介绍的程序多运行于控制台,是最基本的应用程序运行模式。用鼠标选中带有控制台应用(Console application)标签的图标,再选择右侧的Go按钮,这样会弹出一个新的对话框,如图1.4所示。

单击Next按钮进入下一步,弹出一个对话框,如图1.5所示。

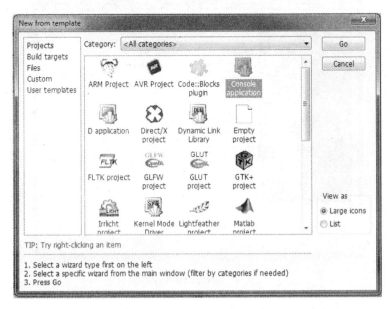

图1.3 新建工程类型选择对话框

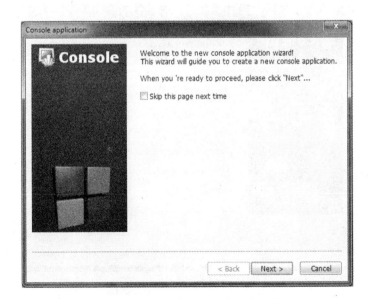

图1.4 新建控制台应用程序的欢迎界面

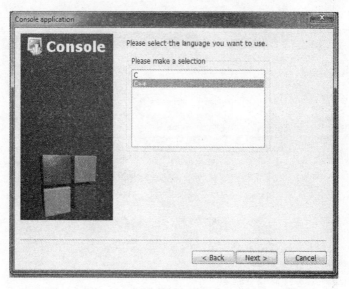

图 1.5 选择编程语言类型

在弹出的对话中有 C 和 C++ 两个选项,选择 C++ 表示编写 C++ 控制台应用程序,选择 C 表示编写 C 控制台应用程序。这里以编写 C++ 程序为例,因此选择 C++。接下来单击下方的 Next 按钮进入下一步,又弹出一个对话框,如图 1.6 所示。

图 1.6 输入工程名称及创建的位置

在 Project title 文本框输入 myproject1;在 Folder to create project in 选择目录 D:\PROGRAM_CPP。

则系统自动定义:

Project filename 为 myproject1.cbp;

Resulting filename 为 D:\PROGRAM_CPP\myproject1\myproject1.cbp。

接下来单击下方的 Next 按钮进入下一步,又弹出一个对话框,如图 1.7 所示。

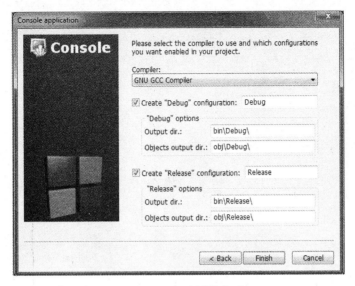

图 1.7　选择编译器类型

一般默认给出对话框中的选项不需要修改。单击 Finish 按钮,则创建了一个名为 myproject1 的工程。用鼠标逐级单击,依次展开左侧的 myproject1,Sources,main.cpp,在屏幕右侧显示文件 main.cpp 的源代码,如图 1.8 所示。

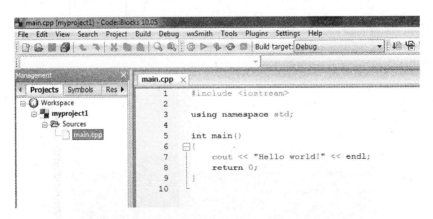

图 1.8　Code::Blocks 代码编辑界面

(4) 编辑源文件。编辑 main.cpp 文件,修改内容如图 1.9 所示,然后依次选择"File"—"Save all file",保存源程序。

(5) 编译。依次选择"Build"—"Compile current file",编译当前程序,在编译日志窗口中出现编译信息,如图 1.10 所示。

信息窗口中出现"0 errors,0 warnings",表示编译正确,没有发现语法错误和警告。

(6) 连接。依次选择"Build"—"Build",开始连接。连接正确,如图 1.11 所示。

(7) 运行。依次执行"Build"—"Run",运行程序,弹出运行窗口,如图 1.12 所示,显示运行结果"Hello Everyone!"。最后一行"Press any key to continue."提示用户按任意键退出运

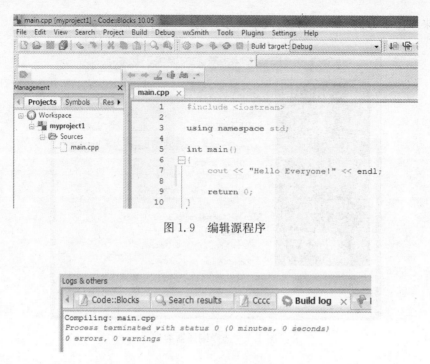

图1.9 编辑源程序

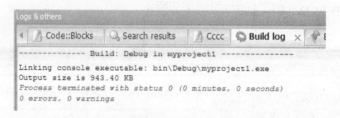

图1.10 编译正确

图1.11 连接成功并生成可执行文件

图1.12 运行结果窗口

行窗口,然后返回编辑窗口。

(8) 关闭程序。依次选择"File"—"Close project"可以关闭项目。

(9) 查看项目文件、C++源程序、目标文件和执行文件存放位置。

经过编辑、编译、连接和运行后,在文件夹 D:\PROGRAM_CPP\myproject1 中存放着相关文件,如图1.13 所示,其中 main.cpp 为源文件,myproject1.cbp 为项目文件,bin\Debug\myproject1.exe 为可执行文件。

图 1.13　文件夹 D:\PROGRAM_CPP\myproject1

（10）打开已有项目。如果要再次打开项目文件，可以执行"File"—"Open"，在文件夹 D:\PROGRAM_CPP\ myproject1 中选择 myproject1.cbp。

2. 调试示例

目标：修改下列程序中的错误，在屏幕上显示"Hello Everyone!"。

（1）创建项目 debug01_01，有错误的源文件内容如图 1.14 所示。

```
1    #include <iostream>
2    using namespace std
3
4    int mani()
5    {
6        cout << "Hello Everyone!" << endl;
7
8        return 0;
9    }
10
```

图 1.14　文本输出（有错误的程序）

（2）编译。依次执行"Build"—"Compile current file"，编译当前程序，信息窗口显示 _____ errors 和 _____ warnings，如图 1.15 所示。

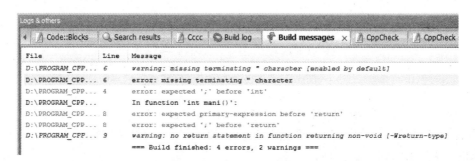

图 1.15　编译产生的错误信息

如果显示错误（error）信息，说明程序中存在严重的错误，必须修改；如果显示警告

(warning)信息,说明这些错误并没有影响目标文件生成,但通常也应该修改。一般先修改错误,最后修改警告。一个红色的小方块(简称错误标示)出现在第一条出错的代码行的左侧。我们把红色小方块出现的代码行简称"当前行",一般在当前行或其上一行,可以找到出错语句。

(3)发现错误。第一条错误出现在第 6 行,在信息窗口高亮度条显示"error: missing terminating"character",错误信息指出缺少了一个双引号"。

(4)修改错误。查看第 6 行代码,并没有发现缺少"。再仔细观看两个下划线出现的双引号,"Hello Everyone!",发现左边和右边的两个双引号不一样。"是全角的双引号,俗称中文的双引号;而"是半角的双引号,俗称英文的双引号。一般在源程序中出现的各种符号,都应该是半角的符号,全角的符号只能出现在注释或字符串中。把"改为"。

(5)重新编译。信息窗口如图 1.16 所示,显示____errors,_____warnings。

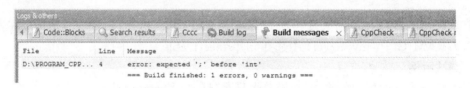

图 1.16 重新编译后产生的错误信息

为什么只修改了一条错误而错误数量会大大减少?因为一条错误可以引起后续代码的关联错误,就像多米诺骨牌一样。所以我们在修改错误的时候,要从_____处开始修改起,且修改后要重新_____。

出错提示出现在第 4 行代码,出错信息指出在"int"前缺少分号,改正错误,在第 2 行最后补上一个分号。

(6)再次编译。信息窗口显示编译正确。

(7)连接。依次执行"Build"—"Build",开始连接。信息窗口出现连接错误"undefined reference to 'WinMain@16'",如图 1.17 所示,这个错误出现的原因是源程序中没有 main 函数。

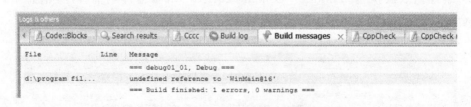

图 1.17 连接产生的错误信息

(8)改正错误后,重新编译和连接,信息窗口没有出现错误信息。

(9)运行。执行"Build"—"Run",弹出运行窗口,显示运行结果"Hello Everyone!",与题目要求的结果一致,按任意键返回。

3. 编程题

(1)在屏幕上显示自己的班级、学号、姓名、电话号码和家庭地址。

(2)在屏幕上显示"2*3+4=10"。

（3）在屏幕上显示下列图形。
$ $ $ $ $ $
　$ $ $ $ $
　　$ $ $
　　　$

（4）在屏幕上显示下列图形。
　　R
　RSR
RSSSR
　RSR
　　R

（5）在屏幕上显示下列图形。
1
2　4
3　6　9
4　8　12
5　10　15　20

实验结果与分析

按照附录 B 的要求完成实验报告。

实验 2　用 C++ 编写简单程序

> 实验目的

(1) 掌握基本的数据类型。
(2) 掌握算术表达式和赋值表达式的使用。
(3) 理解不同类型混合运算。
(4) 理解浮点数精度与误差。
(5) 掌握基本的输入输出操作。
(6) 理解计算机内存的基本概念。

> 实验内容

1. 编程示例

目标：从键盘输入一个三位正整数，输出其逆转数。例如：输入 512，输出为 215。

输入的三位数为整数，变量类型按整型进行处理。可以采用求余数的方法计算各位上的数，然后逆序输出，如代码清单 2.1 所示。

代码清单 2.1　逆序输出三位正整数

```
1    //File: debug02_01.cpp
2    #include <iostream>
3    using namespace std;
4
5    int main()
6    {
7        int n, i, j, k;
8
9        cout << "输入一个三位正整数 n:";
10       cin >> n;
11
12       i = n % 10;            //i 存放个位数
13       n = (n - i) / 10;      //去掉个位数
14       j = n % 10;            //j 存放十位数
```

```
15      n = (n - j) / 10;           //去掉十位数
16      k = n;                      //k存放百位数
17      n = i * 100 + j * 10 + k;
18
19      cout << "逆转数为:" << n << endl;
20
21      return 0;
22  }
```

◇ 修改程序,首先取得百位数,接着再取十位数,最后取个位数。

2. 调试示例

假设校园电费是0.6元/度,输入这个月使用了多少度的电(只取整数部分),算出你要交的电费。假如你只有1元和1角的硬币,请问各需要多少1元和1角的硬币。

程序运行示例:(改正后程序的正确运行结果)

请输入本月用电量(单位:度):<u>3</u>
本月需要支付电费:1.8元
共需要1个1元和8个1角的硬币

说明:在程序运行示例中,凡是加下划线的内容,表示是用户输入的数据,每行最后以回车键结束;其余内容都为输出结果。本书所有的实验题目中,都遵循这一规则。

代码清单2.2是有错的源程序。

代码清单2.2 计算电费(有错的程序)

```
1   //File: debug02_02.cpp
2   #include <iostream>
3   #include <iomanip>
4   using namespace std;
5
6   int main()
7   {
8       int quantity, yuan, jiao;
9       double charge;
10
11      cout << "请输入本月用电量(单位:度):";
12      cin >> quantity;
13
14      charge = 0.6 * quantity;
15      cout << "本月需要支付电费:" << charge << "元" << endl;
16
17      //cout << endl;
18      //cout << "charge = " << setprecision(17) << charge << endl;
```

```
19
20      yuan = charge;
21
22      //cout << endl;
23      //cout << "(charge - yuan) * 10 = " << (charge - yuan) * 10 << endl;
24
25      jiao = (charge - yuan) * 10;
26
27      cout << endl;
28      cout << "共需要" << yuan << "个1元和" << jiao << "个1角的硬币" << endl;
29
30      return 0;
31  }
```

(1) 对程序进行编译和连接，没有出现错误信息。
(2) 运行程序。输入本月电量3，写出程序运行结果。

_____
_____
_____

结果是否正确？
(3) 删除源程序第17、18、22和23行前面的注释符//，再次对程序进行编译和连接，重新运行程序。输入本月电量3，写出程序运行结果。

_____
_____
_____
_____
_____

源程序第15行输出charge的值为_____，源程序第18行输出charge的值为_____，为什么？

_____

源程序第23行输出(charge－yuan)*10的值为_____，为什么？

_____

3. 改错题

已知华氏温度到摄氏温度的转换公式为

$$C^{①} = \frac{5}{9}(F-32)$$

式中,C 表示摄氏温度;F 表示华氏温度。下面程序目的是将华氏温度转换成摄氏温度,但无论输入任何华氏温度,对应的摄氏温度都是 0,请改正代码清单 2.3 所示程序中的错误。

代码清单 2.3　温度转换(有错的程序)

```
1   //File: debug02_03.cpp
2   #include <iostream>
3   using namespace std;
4
5   int main()
6   {
7       int fahr, celsius;
8
9       cout << "请输入华氏温度:";
10      cin >> fahr;
11
12      celsius = 5 / 9 * (fahr - 32);
13
14      cout << "对应的摄氏温度为:" << celsius << endl;
15
16      return 0;
17  }
```

错误原因:＿＿＿＿＿＿＿＿＿＿＿＿＿＿＿＿＿＿＿＿＿＿＿＿＿＿＿＿＿＿＿

改正方法:＿＿＿＿＿＿＿＿＿＿＿＿＿＿＿＿＿＿＿＿＿＿＿＿＿＿＿＿＿＿＿

4. 编程题

(1) 编写一个程序,读入两个整数,计算并输出它们的和、积、商和余数。

程序运行示例:

请输入两个整数:*7　3*

7＋3＝10

7＊3＝21

7/3＝2

7％3＝1

思考:如果两个双精度浮点数进行上述运算,题目的要求都能达到吗?为什么?

(2) 编写一个程序,读入用户输入的 4 个整型数,输出它们的平均值。

程序运行示例:

---

① 为了与程序中的字母保持一致,本书公式中的字母均用正体表示。

请输入 4 个整型数:<u>66 77 88 99</u>
66 77 88 99 的平均值是 82.5

(3) 编写一个程序,读入一个三位整数 num,求出 num 的百位数字、十位数字和个位数字。

程序运行示例:

请输入一个三位整数:<u>876</u>
876 的百位数字是 8,十位数字是 7,个位数字是 6

(提示:num 的百位数字的值是 num/100,十位数字的值是(num/10)%10,个位数字的值是 num%10)

(4) 编写一个程序,输入一个四位数,将其加密后输出。加密方法是首先将该数每一位上的数字加 13 得到一个数,然后转换成对应的大写英文字母。1 对应 'B',2 对应 'B',……,26 对应 'Z'。

程序运行示例:

请输入一个四位数:<u>5089</u>
加密输出:RMUV

(5) 对于一个二维平面上的两点(x1,y1)和(x2,y2),编写一个程序计算两点之间的距离。

程序运行示例:

请输入 x1,y1:<u>1   2</u>
请输入 x2,y2:<u>4   6</u>
(1,2)和(4,6)之间的距离:5

实验结果与分析

按照附录 B 的要求完成实验报告。

实验 3 分支结构程序设计

实验目的

(1) 熟练掌握关系表达式和逻辑表达式的使用方法。
(2) 熟练掌握 if 语句和 switch 语句实现分支结构程序设计。
(3) 掌握简单的单步(Next line)和运行到光标(Run to cursor)的调试方法。

实验内容

1. 编程示例

某商店"五一"长假期间购物打折,规则如下:
若每位顾客一次购物,
- 满 1 000 元,打九折;
- 满 2 000 元,打八折;
- 满 3 000 元,打七折;
- 满 4 000 元,打六折;
- 满 5 000 元,打五折;

编写程序,输入购物款,输出实收款。
本例可以使用 if-else if 语句进行多重判断来实现,如代码清单 3.1 所示。

代码清单 3.1 计算购物款

```
1    //File: debug03_01.cpp
2    #include <iostream>
3    using namespace std;
4
5    int main()
6    {
7        double payment;
8        double actualAmount;
9
10       cout << "输入购物款:";
11       cin >> payment;
```

```
12
13      if(payment < 1000)
14          actualAmount = payment;
15      else if(payment < 2000)
16          actualAmount = 0.9 * payment;
17      else if(payment < 3000)
18          actualAmount = 0.8 * payment;
19      else if(payment < 4000)
20          actualAmount = 0.7 * payment;
21      else if(payment < 5000)
22          actualAmount = 0.6 * payment;
23      else
24          actualAmount = 0.5 * payment;
25
26      cout << "实收款:" << actualAmount << endl;
27
28      return 0;
29  }
```

思考：修改程序，用 switch 语句实现本示例。

2. 调试示例

本调试示例重点介绍两个最基本的调试方法：单步（Next line）和运行到光标（Run to cursor）。

下面程序目的是判断输入值是否等于 8，请改正程序中的错误，如代码清单 3.2 所示。

代码清单 3.2　判断输入值是否等于 8（有错的程序）

```
1   //File: debug03_02.cpp
2   #include <iostream>
3   #include <iomanip>
4   using namespace std;
5
6   int main()
7   {
8       int x = 0;
9
10      cout << "Please enter x:";
11      cin >> x;
12
13      if(x = 8)
14          cout << "x equals 8." << endl;
```

```
15      else
16          cout << "x doesn't equal 8." << endl;
17
18      return 0;
19  }
```

---

(1) 执行程序几次,给出不同的输入,发现程序输出结果都是:x equals 8.。
(2) 单步调试是发现运行错误和逻辑错误的"利器",可用于:
 a. 跟踪程序的执行流程,发现错误的线索。
 b. 跟踪过程中,还可以观察变量的变化,从而发现其中存在的问题。
(3) 调试菜单。选择"Debug",观察菜单,知道有哪些功能;灰色的部分,会在"条件"具备时变得可用,如图 3.1 所示。左下角的状态栏有各选中功能的解释,请仔细看解释,便于学习日常应用的常用工具栏或快捷键。

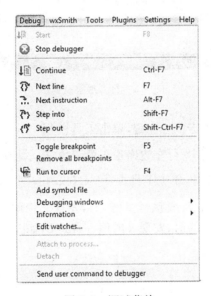

图 3.1　调试菜单

(4) 调试工具栏。单击工具栏中的按钮,比选择菜单更便捷。将鼠标"浮"在工具栏按钮上,会看到 Run to cursor 和 Next line 等提示信息,如图 3.2 所示。这些功能 Debug 菜单也有,但这里更便捷!

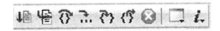

图 3.2　调试工具栏

(5) 观察窗口(Watches)。观察窗口一般出现在屏幕的右下角。如果被使用者关闭了,可以通过单击工具栏 ▢ (Debugging windows)按钮,出现弹出菜单,选择"Watches",则观察窗口会再次出现在屏幕上,如图 3.3 所示。

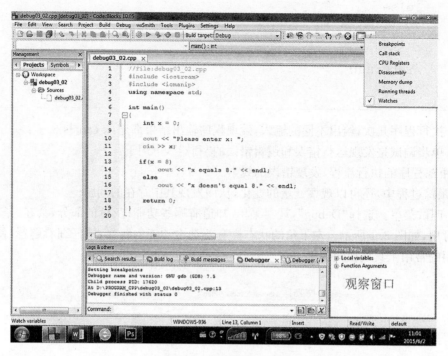

图 3.3 打开观察窗口

(6) 在编辑窗口第 13 行单击鼠标左键,单击工具栏 ![] (Run to cursor)按钮,出现运行窗口,输入 9,并按回车键后,在第 13 行左边出现小黄三角,提示程序运行到第 13 行暂停(注意:第 13 行代码还没有执行)。此时,单击工具栏 ![] (Next line)按钮,发现程序进入第 14 行,而没有进入应该进入的第 16 行。反复执行步骤(6),发现无论输入任何整数,程序都进入了第 14 行。在观察窗口查看变量 x 的值,发现 x 的值一直是 8,如图 3.4 所示。

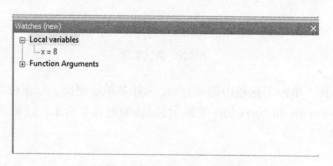

图 3.4 单步调试,显示 x 的值

(7) 仔细观看第 13 行,发现错误原因是_____。

(8) 终止调试。单击工具栏 ![] (Stop debugger),可以终止程序调试。

3. 改错题

输入三角形的三条边 a、b 和 c,如果这三条边能构成一个三角形,输出面积 area(保留 2 位小数);否则,输出"不能构成三角形"。

提示：在一个三角形中，任意两边之和大于第 3 边。三角形面积计算公式为

$$area = \sqrt{s(s-a)(s-b)(s-c)}$$

其中，s = (a+b+c)/2。

程序运行示例一：

请输入三角形的三条边(a,b,c)：<u>3　4　5</u>

三角形面积=6.00

程序运行示例二：

请输入三角形的三条边(a,b,c)：<u>3　4　1</u>

不能构成三角形

代码清单 3.3 给出的是有错的源程序，请进行改正。

代码清单 3.3　判断三条边是否构成三角形(有错的程序)

```cpp
1    //File: debug03_03.cpp
2    #include <iostream>
3    #include <cmath>
4    #include <iomanip>
5    using namespace std;
6
7    int main()
8    {
9        double a,b,c,s,area;
10
11       cout << "请输入三角形的三条边(a,b,c):";
12       cin >> a >> b >> c;
13
14       if(a + b > c || a + c > b || b + c > a)
15
16           s = (a + b + c) / 2;
17           area = sqrt(s * (s - a) * (s - b) * (s - c));
18           cout << "三角形面积 =" << setprecision(2) << fixed << area << endl;
19
20       else
21           cout << "不能构成三角形" << endl;
22
23       return 0;
24    }
```

(1) 对程序进行编译，信息窗口显示_____errors，_____warnings。双击第一个错

误,观察源程序中的光标的位置,并分析原因。

错误原因:_____

改正方法:_____

(2) 改正错误后重新进行编译,信息窗口显示_____errors,_____warnings。双击第一个错误,观察源程序中的光标的位置,并分析原因。

错误原因:_____

改正方法:_____

_____

_____

(3) 改正错误后再次进行编译和连接,没有出现错误,运行程序。

输入 *1 2 3*,运行结果为_____,是否正确:_____。

仔细阅读源程序,找出错误位置并给出正确的语句。

错误行号:_____,正确语句:_____。

4. 编程题

(1) 我国是世界上严重缺水的国家之一。为了增强居民节水意识,某市自来水公司对居民用水采用以户为单位分段计费办法收费。即一月用水 10 吨以内(包括 10 吨)的用户,每吨收水费 1.5 元;一月用水超过 10 吨的用户,10 吨水仍按每吨 1.5 元收费,超过 10 吨的部分,按每吨 2 元收费。编写一个程序,输入某户居民月用水量(单位:吨),输出应收水费(单位:元)。

程序运行示例:

请输入月用水量(吨):*18.5*

水费(元):32

(2) 编写一个程序,输入一个字母,判断该字母是元音字母还是辅音字母。要求用 switch 语句实现。

程序运行示例一:

请输入一个字母:*a*

元音

程序运行示例二:

请输入一个字母:*k*

辅音

程序运行示例三:

请输入一个字母:*6*

不是英文字母

(3) 已知鸡和兔的总数量为 n,腿的总数量为 m。编写一个程序,输入 n 和 m,输出鸡和兔的数目。

程序运行示例一:

请输入 n,m:*14 32*

鸡:12,兔:2

程序运行示例二:

请输入 n,m:*10 16*

无解

(4) 编写一个程序,输入二维平面上的 3 个点(x1,y1),(x2,y2)和(x3,y3),判断这 3 个点是否在一条直线上。

程序运行示例一:

x1,y1:*4   2*

x2,y2:*6   4*

x3,y3:*8   6*

Yes

程序运行示例二:

x1,y1:*4   2*

x2,y2:*6   5*

x3,y3:*8   6*

No

(5) 所谓"回文"是一种特殊的数或者文字短语。它们无论是顺读还是倒读,结果都是一样。例如,以下的几个 5 位整数都是回文数:12321、77777、89998 和 44744。编写一个程序,读入一个 5 位整数后,判断它是不是回文数。如果是回文数,输出"Yes",否则输出"No"。

程序运行示例一:

请输入一个 5 位正整数:*12321*

Yes

程序运行示例二:

请输入一个 5 位正整数:*12323*

No

〈提高题〉

(6) 假设现在 90 号汽油 5.82 元/升、93 号汽油 5.96 元/升、97 号汽油 6.36 元/升和 0 号柴油 5.59 元/升。为了吸引顾客,某加油站推出了"自助服务"和"协助服务"两个服务等级,分别可以得到 5% 和 3% 的折扣。请编写程序,输入顾客的加油量、油品种(90、93、97 或 0)和服务类型(s 为自助服务,a 为协助服务),计算并输出应付款(保留 2 位小数)。

(7) 一个公司想通过电话传输数据,但是担心电话可能被人窃听。这个公司所有的数据都采用 4 位整数的形式传输。现在,这家公司请你编写一个数据加密程序,通过它可以使数据更安全地传输。要求你的程序读入 4 位整数后按如下方法加密:首先,将每位数字替换成它与 7 相加之和再用 10 求模的结果。然后,对替换后的数,其第 1 位和第 3 位相交换,第 2 位和第 4 位相交换。最后,将这样加密后的整数打印出来。另外,请再编写一个程序,输入是加密了的 4 位整数,然后它将加密的数进行解密得到原来的数。

实验结果与分析

按照附录 B 的要求完成实验报告。

实验 4　循环结构程序设计

实验目的

(1) 熟练掌握 for、while 和 do-while 语言的使用方法。
(2) 理解掌握 break 和 continue 语句的使用方法。
(3) 理解随机数生成方法。
(4) 掌握使用断点(breakpoint)进行调试的方法。

实验内容

1. 编程示例

编写一个程序,输入图形行数以及图形距离屏幕左边界的空格数,打印出如图 4.1 所示的蝶形图形。图形由 '@' 和 '%' 这两种字符组成,输出 '@' 或 '%' 由程序随机生成。

```
@@@%%%@@%%@%%%@%%@
@@@%%%@@%@%@%@
%%%@@%%@@
@%%
@@%%%@%@
%%@@%%@@%%@%@%%
@@%%%@%@@%%@@@%%%@%%%
```

图 4.1　蝶形图

分析:蝶形图为上下对称结构。设图形行数为 2n+1 (图 4.1 中 n=3),依次用 −n,−n+1,−n+2,…,0,1,2,…,n−1,n 标识行号 i,则每行字符的个数为 6*|i|+3。设图形的第一行距离屏幕左边界有 spaces 个空格,则每行左侧输出的空格总数为 spaces+3*(n−|i|)。

代码清单 4.1　打印蝶形图

```
1   //File: debug04_01.cpp
2   #include <iostream>
3   #include <cstdlib>
4   #include <ctime>
5   using namespace std;
```

```
 6
 7   int main()
 8   {
 9       int i,j,n,d;
10
11       int lines = 0;
12       int spaces = 0;
13
14       srand((unsigned)time(NULL));
15
16       do
17       {
18           cout << "请输入图形行数(必须是正奇数):";
19           cin >> lines;
20       }while((lines <= 0) || ((lines % 2) != 1));
21
22       do
23       {
24           cout << "请输入图形距离屏幕左边界空格数(必须是正整数):";
25           cin >> spaces;
26       }while(spaces <= 0);
27
28       n = lines / 2;
29       cout << endl;
30       for(i = -n; i <= n; i++)
31       {
32           d=(i < 0 ? -i : i);
33           for(j = 0; j < (spaces + 3 * (n - d)); j++)//输出空格
34               cout << " ";
35           for(j = 1; j <= 6 * d + 3; j++)     //输出字符
36               cout << ((rand() % 2) ? '%' : '@');
37           cout << endl;
38       }
39
40       return 0;
41   }
```

思考:将代码清单4.1程序的第33行改写成for(j = 0;j < (spaces + 5 * (n - d)); j++),第35行改写成for(j = 1;j <= 10 * d + 3; j++),观察程序运行结果。

2. 调试示例

本调试示例重点介绍断点(breakpoint)的使用方法。

代码清单 4.2 程序目的是求两个正整数 m 和 n 的最小公倍数。请改正程序中的错误。

代码清单 4.2 求解最小公倍数(有错的程序)

```cpp
//File: debug04_02.cpp
#include <iostream>
using namespace std;

int main()
{
    int m = 0, n = 0, lcm = 0;

    do
    {
        cout << "Please input m,n(m,n > 0):";
        cin >> m >> n;
    } while(m <=0 || n <= 0);

    lcm = m;
    while(lcm / n != 0)    //调试时设置断点
        lcm += m;

    cout << m << "和" << n << "的最小公倍数是" << lcm << endl;
                                                    //调试时设置断点

    return 0;    //调试时设置断点
}
```

(1) 对程序进行编译和连接,没有出现错误信息。
(2) 运行程序。

Please input m,n(m,n>0):<u>3 5</u>
3 和 5 的最小公倍数是 3

运行结果显然错误,说明程序存在逻辑错误,需要调试修改。

(3) 调试步骤。

首先介绍断点(breakpoint)的使用。断点的作用就是使程序执行到断点处暂停,用户可以观察变量或表达式的值。设置断点时,先将光标定位到要设置断点的代码行,然后依次执行"Debug"—"Toggle breakpoint",断点设置完毕,在该代码行的前面出现一个红色的圆点(见图 4.2 第 19 行)。如果要取消已经设置的断点,只需把光标移动到要取消的断点处,依次执行"Debug"—"Toggle breakpoint",该断点即取消。设置/取消断点最便捷的方法是把鼠标移动到打算设置/取消断点的代码行所在的行号后面,然后单击鼠标左键即可。

a. 调试开始,按照源程序 debug04_02.cpp 注释要求设置断点。

b. 执行"Debug"—"Start",程序开始运行,输入"3"和"5",程序执行到第一个断点处。在第一个断点前面原有的红色圆点里面出现一个黄色的三角形(见图 4.2 第 16 行),表示程序已经执行过该行之前的代码(注意:该行还没有运行)。

```
1    //File: debug04_02.cpp
2    #include <iostream>
3    using namespace std;
4
5    int main()
6    {
7        int m = 0, n = 0, lcm = 0;
8
9        do
10       {
11           cout << "Please input m,n(m,n>0): ";
12           cin >> m >> n;
13       } while(m <= 0 || n <= 0);
14
15       lcm = m;
16       while( lcm / n != 0)    //调试时设置断点
17           lcm += m;
18
19       cout << m << " 和 " << n << " 的最小公倍数是 " << lcm << endl;  //调试时设置断点
20
21       return 0;    //调试时设置断点
22   }
```

图 4.2 程序调试与断点

c. 继续执行"Debug"—"Continue",程序运行到第二个断点处。在观察窗口观察变量 lcm,发现 lcm 的值为 3,结果显然存在错误,因为 3 和 5 的最小公倍数应该是 15,说明错误出现的位置大致在 _____。

d. 执行"Debug"—"Stop debugger"停止调试,仔细观察代码,发现行号为_____的语句出错,错误原因 _____。

e. 改正错误后,重新编译连接,然后执行"Debug"—"Start",重新开始调试。调试过程中观察 lcm 值的变化,发现程序运行到第二个断点处 lcm 的值为 15,结果正确。

3. 改错题

计算下列式子的和,当最后一项的值小于 10^{-6} 时结束。

$$e = 1 + \frac{1}{1!} + \frac{1}{2!} + \frac{1}{3!} + \cdots + \frac{1}{n!}$$

代码清单 4.3 是有错的源程序,请进行改正。

代码清单 4.3 计算 e(有错的程序)

```
1    //File: debug04_03
2    #include <iostream>
3    #include <iomanip>
4    using namespace std;
5
6    const double EPS = 1E-6;//精度
7
```

```
 8    int main()
 9    {
10        int i,n,item;
11        double e;
12
13        e = 1;
14        n = 1;
15        item = 1;
16        do
17        {
18            for(i = 1; i <= n; i++)
19                item *= i;
20
21            e += 1 / item;
22            n++;
23
24        }while(item >= EPS);
25
26        cout << "e =" << fixed << setprecision(6) << e << endl;
27
28        return 0;
29    }
```

(1) 对程序进行编译和连接，没有出现错误，运行程序。

运行结果为_____，是否正确：_____。

(2) 在第 26 行设置断点，执行"Debug"—"Start"，开始调试。程序运行到第 26 行停下来，在观察窗口观察 item 的值为_____，为什么？

在观察窗口观察 e 的值为_____，为什么？

(3) 执行"Debug"—"Stop debugger"停止调试，仔细观察代码，找出错误的位置并给出正确的语句。

错误行号：_____，正确语句：_____

错误行号：_____，正确语句：_____

思考：debug04_03 用到了嵌套循环，你能不能只用一重循环（要求：不使用其他函数）完成上式的求和？

4. 编程题

(1) 输入两个正整数 a 和 n，求 a＋aa＋aaa＋…＋aa…a(n 个 a)之和。

程序运行示例：

Input a,n:<u>2 5</u>

Sum=24690

(2) 将零钱 K(8≤K<100 分)换成 1 分、2 分和 5 分的硬币组合(要求每种硬币至少有一枚)。输入零钱金额,输出共有多少种换法。

程序运行示例:

Input the change:<u>10</u>

Methods=2

(3) 编写一个程序求 $\sum_{n=1}^{30} n!$,要求只做 30 次乘法和 30 次加法。

(4) 编写一个程序,要求读入一个 1~11 范围内的一个奇数,指定菱形中的行数,然后显示适合此尺寸的一个菱形。菱形由星号(*)组成。

(5) 设计一个猜数字游戏,游戏规则如下:

a. 游戏开始,电脑随机生成三个不重复的 10 以内的数字。

b. 玩家输入他所猜测的三个数字。

c. 将玩家提交的数与电脑生成的数进行比较,结果显示成"*A*B"。A 代表位置正确数字也正确,B 代表数字正确但位置不正确,比如:"1A2B"表示玩家有 1 个数字的位置正确且数值也正确,除此以外,还猜对了 2 个数字,但位置不对。

d. 玩家共有 7 次机会。在 7 次内,如果结果为"3A0B",游戏成功,退出游戏。如果 7 次里玩家都没有猜对游戏失败。

程序运行示例一:

请输入你猜测的数字(还有 7 次机会):<u>9 8 7</u>

0A0B

请输入你猜测的数字(还有 6 次机会):<u>1 2 3</u>

0A1B

请输入你猜测的数字(还有 5 次机会):<u>4 5 6</u>

0A2B

请输入你猜测的数字(还有 4 次机会):<u>1 5 6</u>

0A1B

请输入你猜测的数字(还有 3 次机会):<u>1 4 6</u>

1A0B

请输入你猜测的数字(还有 2 次机会):<u>5 4 2</u>

1A1B

请输入你猜测的数字(还有 1 次机会):<u>5 4 3</u>

1A2B

很遗憾,你没有在规定次数内猜对。答案是 345。

程序运行示例二:

请输入你猜测的数字(还有 7 次机会):<u>2 4 8</u>

0A1B

请输入你猜测的数字(还有 6 次机会):<u>2 5 6</u>

```
1A2B
请输入你猜测的数字(还有5次机会)：6 5 2
恭喜，你猜对了。
```

〈提高题〉

(6) 西西弗斯数。相传西西弗斯是古希腊的一个暴君，死后被打入地狱。此人力大如牛，颇有蛮力，上帝便罚他去做苦工，命令他把巨大的石头推上山。他自命不凡，欣然从命。可是将石头推到临近山顶时，莫明其妙地又滚落下来。于是他只好重新再推，眼看快要到山顶，可又"功亏一篑"，石头滚落到山底，如此循环反复，没有尽头。现在随便选一个很大的数43 005 798，作为一块"大石头"。以此为基础，按如下规则转换成一个新的三位数。百位数是8位数中的偶数个数(0作为偶数)，十位数是8位数中奇数的个数，个位数是原数的个数。于是得出新数为448，448作同样的变换，3个偶数，百位数是3，奇数有0个，一共3位数。于是就得出303，再经转换就得到123。一旦得到123后，就再也不变化了。好比推上山的石头又落到地上，一番辛苦白费。如果你有兴趣，可以换上别的自然数来试。尽管步数有多有少，但最后总归是123。

编写一个程序，输入一个自然数，输出西西弗斯数转换过程。

程序运行示例：

```
Input a natural number：43005798
43005798—>448—>303—>123
```

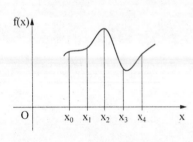

图 4.3 定积分示意

(7) 定积分的物理意义是某个函数 f(x) 与 x 轴围成的区域的面积，如图 4.3 所示。定积分可以通过将这块面积分解成一连串的小矩形，计算各个小矩形的面积的和而得到。小矩形的宽度 ($x_i - x_{i-1}$) 可由用户指定，高度选取函数值 $f((x_i + x_{i-1})/2)$。

编写一个程序计算函数 $f(x) = \sqrt{1-x^2}$ 在 [0, 1] 间的定积分。小矩形的宽度在程序执行时由用户输入。

思考：如何利用(7)中的方法求 π 的近似值？

实验结果与分析

按照附录 B 的要求完成实验报告。

实验 5 数组程序设计

实验目的

(1) 熟练掌握一维数组、二维数组的定义、初始化、数组元素的使用方法。
(2) 熟练掌握基本排序算法以及有序数组的查找、增加、删除的编程方法。
(3) 掌握数组的调试方法。

实验内容

1. 编程示例

利用一个二维数组打印如图 5.1 所示的杨辉三角形。

分析:由杨辉三角形可以看出每行的数存在以下规律:每行数据的个数与行序相同;每行的第一个数和最后一个数均为 1;中间的数为上一行同一列的数和其前一列的数之和,程序如代码清单 5.1 所示。

```
1
1 1
1 2 1
1 3 3 1
1 4 6 4 1
```

图 5.1 杨辉三角形

代码清单 5.1 打印杨辉三角形

```cpp
1   //File: debug05_01.cpp
2   #include <iostream>
3   using namespace std;
4
5   int main()
6   {
7       int y[5][5];
8       int i,j,n = 5;
9
10      for(i = 0; i < n; i++)
11      {
12          y[i][i] = 1;
13          y[i][0] = 1;
14      }
15      for(i = 2; i < n; i++)
16      {
```

```
17          for(j = 1; j < i; j++)
18              y[i][j]=y[i - 1][j - 1]+y[i - 1][j];
19          }
20
21      cout << "杨辉三角形:" << endl;
22      for(i = 0; i < n; i++)
23      {
24          cout << " ";
25          for(j = 0; j <= i; j++)
26              cout << y[i][j] << " ";
27          cout << endl;
28      }
29
30      return 0;
31  }
```

思考：添加语句，输出如图 5.2 所示的杨辉三角形。

```
        1
       1 1
      1 2 1
     1 3 3 1
    1 4 6 4 1
```

图 5.2　杨辉三角形

2. 调试示例

本调试示例对单步(Next line)、运行到光标(Run to cursor)和断点(breakpoint)三种调试方法进行综合使用。

编译器并不检查在给定的数组中下标是否有效，越界问题必须由编程人员自己解决。代码清单 5.2 程序目的是为了加强对数组的越界问题的理解，并对编译器如何给变量分配内存空间有初步的认识。

代码清单 5.2　数组越界问题示例

```
1   //File: debug05_02.cpp
2   #include <iostream>
3   using namespace std;
4
5   int main()
6   {
7       int i = -1;
8       int a[3] = {0},b[3] = {0};
```

```
 9
10        for(i = 0; i < 6; i++) b[i] = i;    //调试时设置断点
11
12        for(i = 0; i < 3; i++)
13            cout << "a[" << i << "] = " << a[i] << " ";
14        cout << endl;
15
16        i = 8;
17        a[3] = -100;                         //调试时设置断点
18        cout << "i = " << i << endl;
19
20        return 0;
21    }
```

(1) 对程序进行编译和连接,没有出现错误信息。
(2) 运行程序。
a[0]=3 a[1]=4 a[2]=5
i=-100

阅读程序,没有发现代码对数组 a 的值进行直接修改,而运行结果则显示 a 的值发生了变化;代码第 14 行直接修改了 i 的值为 8,但运行结果显示 i 的值为-100。说明程序存在逻辑错误,需要调试修改。

(3) 调试步骤。

a. 调试开始,按照源程序 debug05_02.cpp 注释要求设置断点。

b. 执行"Debug"—"Start",程序执行到第一个断点处,如图 5.3 所示。在观察窗口输入变量 a 和 b,发现数组 a 和 b 的所有元素的值都是 0,正确。

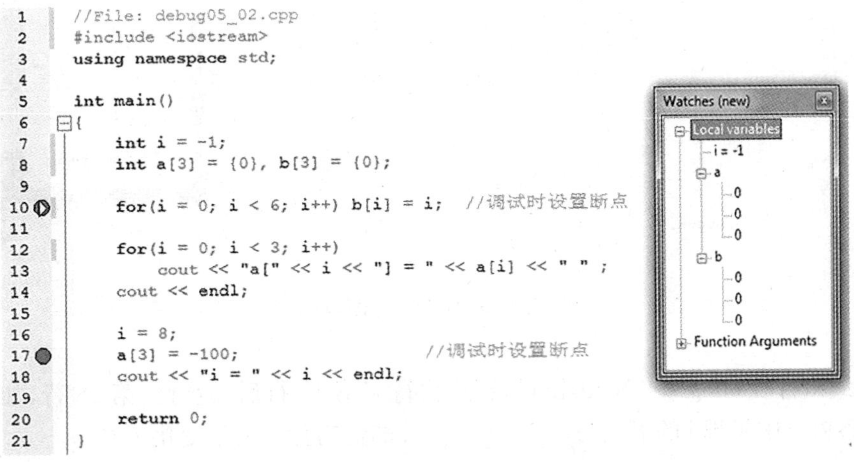

图 5.3　程序调试与断点(1)

c. 继续执行"Debug"—"Next line",程序执行完第 10 行后,运行到第 12 行,如图 5.4 所示。在观察窗口中发现 b 的值变为_____,a 的值变为_____。a 的值为什么发生变化了?思考一下:_____
_____。

```
1   //File: debug05_02.cpp
2   #include <iostream>
3   using namespace std;
4
5   int main()
6   {
7       int i = -1;
8       int a[3] = {0}, b[3] = {0};
9
10      for(i = 0; i < 6; i++) b[i] = i;    //调试时设置断点
11
12      for(i = 0; i < 3; i++)
13          cout << "a[" << i << "] = " << a[i] << " ";
14      cout << endl;
15
16      i = 8;
17      a[3] = -100;                        //调试时设置断点
18      cout << "i = " << i << endl;
19
20      return 0;
21  }
```

图 5.4　程序调试与断点(2)

d. 执行"Debug"—"Continue",程序执行到第二个断点处,如图 5.5 所示。在观察窗口观察变量 i,发现 i 的值为_____。是否正确?_____。

```
1   //File: debug05_02.cpp
2   #include <iostream>
3   using namespace std;
4
5   int main()
6   {
7       int i = -1;
8       int a[3] = {0}, b[3] = {0};
9
10      for(i = 0; i < 6; i++) b[i] = i;    //调试时设置断点
11
12      for(i = 0; i < 3; i++)
13          cout << "a[" << i << "] = " << a[i] << " ";
14      cout << endl;
15
16      i = 8;
17      a[3] = -100;                        //调试时设置断点
18      cout << "i = " << i << endl;
19
20      return 0;
21  }
```

图 5.5　程序调试与断点(3)

e. 继续执行"Debug"—"Next line",程序执行完第 17 行后,运行到第 18 行,如图 5.6 所示。在观察窗口中发现 i 的值变为_____。i 的值为什么发生变化了?
思考一下:_____。

```
 1    //File: debug05_02.cpp
 2    #include <iostream>
 3    using namespace std;
 4
 5    int main()
 6    {
 7        int i = -1;
 8        int a[3] = {0}, b[3] = {0};
 9
10        for(i = 0; i < 6; i++) b[i] = i;    //调试时设置断点
11
12        for(i = 0; i < 3; i++)
13            cout << "a[" << i << "] = " << a[i] << " ";
14        cout << endl;
15
16        i = 8;
17        a[3] = -100;                         //调试时设置断点
18        cout << "i = " << i << endl;
19
20        return 0;
21    }
```

图 5.6 程序调试与断点(4)

3. 改错题

输入两个正整数 m 和 n(m,n≤10),然后输入该 m 行 n 列矩阵 mat 中的元素,将该矩阵中的第 1 行移到第 2 行,第 2 行移到第 3 行,……,第 m 行移到第 1 行,最后按照矩阵形式输出数组。代码清单 5.3 是有错的源程序(debug05_03.cpp),请进行改正。

代码清单 5.3 矩阵滚动一行

```
 1    //File: debug05_03.cpp
 2    #include <iostream>
 3    using namespace std;
 4
 5    const int MAXSIZE = 10;
 6
 7    int main()
 8    {
 9        int i,j,m,n;
10        int mat[MAXSIZE + 1][MAXSIZE];
11
12        cout << "Please input m,n:";
13        cin >> m >> n;
14        cout << "Input array:\n";
15        for(i = 0; i < m; i++)
16            for(j = 0; j < n; j++)
17                cin >> mat[i][j];
18
19        for(i = m - 1; i > 0; i--)
20            for(j = 0; j < n; j++)
```

```
21              mat[(i + 1) % m][j]=mat[i][j];
22
23         cout << "New array:\n";
24         for(i = 0; i < m; i++)
25         {
26              for(j = 0; j < n; j++)
27                   cout << mat[i][j] << '\t';
28              cout << endl;
29         }
30
31         return 0;
32    }
```

对程序进行编译和连接，没有出现错误，运行程序。
程序运行示例：

Please input m,n: <u>3   2</u>
Input array:
<u>1 2</u>
<u>3 4</u>
<u>5 6</u>
New array:
5   6
3   4
3   4

是否正确：_____。
请利用我们已经学习过的各种调试方法，找出错误，写出调试步骤并给出修改方案。
调试步骤：

修改方案：

4. 编程题

(1) 输入一个正整数 n,然后再输入 n 个整数,将它们从大到小排序后输出。

程序运行示例:

Please input n:<u>5</u>

Please input 5 integers:<u>88 55 77 44 99</u>

Sorted sequence:99 88 77 55 44

(2) 在矩阵中,一个元素在所在行中是最大值,在所在列中是最小值,则被称为鞍点 (Saddle point)。输入两个正整数 m 和 n(m,n≤10),然后输入该 m 行 n 列矩阵 mat 中的元素,如果找到 mat 的鞍点,就输出它的下标;否则,输出"Not Found"。

程序运行示例一:

Please input m,n:<u>3 4</u>

Please input array:

<u>3 2 1 4</u>

<u>5 1 6 8</u>

<u>6 7 8 9</u>

mat[0][3]=4

程序运行示例二:

Please input m,n:<u>3 4</u>

Please input array:

<u>3 2 1 9</u>

<u>4 7 6 8</u>

<u>5 1 8 3</u>

Not Found

(3) 开灯问题。有 n 盏灯,编号为 1~n。第 1 个人把所有的灯打开,第 2 个人按下所有编号为 2 的倍数的开关(这些灯将被关掉),第 3 个人按下所有编号为 3 的倍数的开关(其中关掉的灯将被打开,开着的灯将被关闭),依次类推。一共有 k 个人,问最后有哪些灯开着?编写一个程序,输入 n 和 k,输出开着的灯编号(k≤n≤1 000)。

程序运行示例:

<u>7 3</u>

1 5 6 7

(4) 黑色星期五是指某天既是 13 号又是星期五。13 号在星期五比在其他日子少吗?为了回答这个问题,编写一个程序,计算每个月的 13 号落在周一到周日的次数。给出 n 年的一个周期,要求计算从 1900 年 1 月 1 日至 1900+n−1 年 12 月 31 日中 13 号落在周一到周日的次数,n 为正整数且不大于 400。(已知 1900 年 1 月 1 日是星期一)

程序运行示例:

<u>20</u>
34 33 35 35 34 36 33

(5) 编写一个程序,模拟掷两个骰子。程序首先提示用户输入掷这两个骰子的总次数,接着用 rand 掷第一个骰子,再用 rand 掷第二个骰子,然后计算这两个值的和,用数组记录每个可能的和出现的次数。以表格的形式打印结果,并判断两数之和是否合理。(由于每个骰子显示 1～6 之间的一个整数值,因此这两个值的和在 2～12 之间变动,其中 7 是出现频率最高的值。)

〈提高题〉

(6) 回文数是指从左向右念和从右向左念都一样的数。如 12321 就是一个典型的回文数。给定一个进制 B(2≤B≤20,由十进制表示),求出所有的大于等于 1 小于等于 200(十进制下)且它的平方用 B 进制表示时是回文数的数。用 'A','B','C'…表示 10,11,12 等等。

编写一个程序,输入整数 B(B 由十进制表示),输出分成多行,每行输出两个 B 进制的数字,第二个数是第一个数的平方,且第二个数是回文数。

程序运行示例:

<u>8</u>
1 1
2 4
3 11
6 44
11 121
13 171
33 1331
101 10201
111 12321
117 14141
121 14641
123 15351
303 112211

(7) 观察下面的数字金字塔,寻找一个算法查找从最高点到底部任意处结束的路径,使路径经过数字的和最大。每一步可以走到左下方的点也可以到达右下方的点。

```
        7
       3 8
      8 1 1
     2 7 4 4
    4 5 2 6 5
```

在上面的例子中,从 7 到 3 到 8 到 7 到 5 的路径产生了最大数字和。

编写一个程序,首先输入数字金字塔层次数 R(1≤R≤10),接着后面的每行为这个数字金字塔特定层包含的整数(所有整数大于 0 且小于 100),输出计算出来的最大的和。

程序运行示例:

5
7
3 8
8 1 1
2 7 4 4
4 5 2 6 5
30

提示：

设置一个两维数组 f，f[i,j]表示从最高点（最高点位第 1 层）到达第 i 层第 j 个位置时经过路径数字的最大和，则 f[i+1,j]+=Max{f[i,j−1],f[i,j]}(1≤i≤r−1,1≤j≤i)。

请注意边界值的处理，f[i,0]=0。

实验结果与分析

按照附录 B 的要求完成实验报告。

实验 6　字符串

实验目的

（1）熟练掌握字符串的定义、初始化和使用方法。
（2）掌握常用字符串处理函数的使用方法。
（3）掌握字符串的调试方法。

实验内容

1. 编程示例

输入一个字符串（少于 80 个字符），删去所有空格后输出。要求：删除后的字符串利用原来字符串的空间。

分析：逐个读取每个字符，若为空格，则将其后面的所有字符（包括字符串结束标志）依次向前移一位，然后再从该位置开始，重复上述操作，直到字符串结束，如代码清单 6.1 所示。

代码清单 6.1　删除字符串中的空格

```
1   //File: debug06_01.cpp
2   #include <iostream>
3   using namespace std;
4
5   int main()
6   {
7       char str[80];
8       int i = 0,j;
9
10      cout << "请输入字符串:";
11      cin.getline(str,80,'\n');
12
13      while(str[i] != '\0')
14      {
15          if(str[i] == ' ')
16          {
```

```
17              j = i;
18              while(str[j] != '\0')
19              {
20                  str[j] = str[j + 1];
21                  j++;
22              }
23          }
24          else
25              i++;
26      }
27      cout << str << endl;
28
29      return 0;
30  }
```

2. 改错题

输入一个字符串(少于 80 个字符),把字符串中所有的数字字符转换为整数,去掉其他字符。

程序运行示例:

Please input a string: *pro 56gr am93 m4in g*
56934

代码清单 6.2 是有错的源程序,请利用我们已经学习过的各种调试方法,找出错误,写出调试步骤并给出修改方案。

代码清单 6.2 字符串转换成整数(有错的程序)

```
1   File: debug06_02.cpp
2   #include <iostream>
3   using namespace std;
4
5   int main()
6   {
7       int i,j,n;
8       char str[80];
9
10      i = 0;
11      while((str[i] = cin.get()) != '\n')
12          i++;
13      str[i] = '\0';
14
15      for(j = 0; j < 80; j++)
```

```
16        {
17            if(str[j] >= '0' || str[j] <= '9')
18                n = n * 10 + str[j];
19        }
20        cout << n << endl;
21
22        return 0;
23    }
```

调试步骤：

修改方案：

3. 编程题

（1）输入一个字符串（少于 80 个字符），统计并输出其中元音字母（AEIOUaeiou）的个数（不区分大小写）。

程序运行示例：

Please input a string:*Programm Design*

Count=4

（2）编写一个程序，首先输入一个以回车键结束的字符串（少于 80 个字符），接着再输入一个字符，查找该字符在字符串中是否存在。如果找到，则输出该字符在字符串中所对应的最大下标（下标从 0 开始）；否则输出"Not Found"。

程序运行示例一：

Please input a string:*program design*

Please input a character:*g*

Index=12

程序运行示例二：

Please input a string:*program design*

Please input a character:*k*

Not Found

(3) 输入一个字符串(少于80个字符),去掉重复的字符后,按照字符的 ASCII 码值从大到小输出。

程序运行示例:

Please input a string:*ya7bb2tizx4m55n9q2*

zyxtqnmiba97542

(4) 编写一个程序,从键盘上输入一篇英文文章。首先输入英文文章的行数 n(1≤n≤10),接着依次输入 n 行内容(每行少于80个字符)。要求统计出其中的英文字母(不区分大小写)、数字和其他非空白字符的个数。

程序运行示例:

请输入行数:*2*

请输入英文文章:

21st century is the century of technology.

Nowadays, technology is everywhere around us.

英文字母:71

数字:2

其他字符:3

(5) 编写一个程序,读入几行文本,并打印一个表格。此表格按照单词在文本中出现的顺序,显示每个不同单词(不区分大小写)在文本中出现的次数。

程序运行示例:

To be, or not to be:that is the question,

Whether it's nobler in the mind to suffer

to	3	be	2	or	1	not	1	that	1
is	1	the	2	question	1	whether	1	it's	1
nobler	1	in	1	mind	1	suffer	1		

〈提高题〉

(6) 回文字符串是具有回文特性的字符串:即该字符串从左向右读,与从右向左读都一样。编写一个程序,寻找一篇英文文章中最长的回文字符串。

输入文件不会超过10 000字符。这个文件可能一行或多行,但是每行都不超过80个字符(不包括最后的换行符)。在寻找回文时只考虑字母'A'~'Z'和'a'~'z',忽略其他字符(例如:标点符号、空格等)。

输出的第一行应该包括找到的最长的回文的长度。下一行或几行应该包括这个回文的原文(没有除去标点符号、空格等),把这个回文输出到一行或多行(如果回文中包括换行符)。如果有多个回文长度都等于最大值,输出最前面出现的那一个。

程序运行示例:

Confucius say:*Madam*,*I'm Adam*.
11
Madam,I'm Adam

（7）摩尔斯电码（又译为摩斯密码，Morse code）是一种时通时断的信号代码，用一系列圆点和破折号表示字母表中的每个英文字母、每个数字和一些特殊标点符号，如图6.1所示。编写一个程序，读入一个英语短语，然后把它编码成摩尔斯码。每个摩尔斯编码字母之间用一个空格，每个摩尔斯编码单词之间用三个空格。再编写一个摩尔斯码的短语，然后把它转换成相应的英文。

字符	摩尔斯码	字符	摩尔斯码	字符	摩尔斯码	字符	摩尔斯码
A	.-	L	.-..	W	.--	1	.----
B	-...	M	--	X	-..-	2	..---
C	-.-.	N	-.	Y	-.--	3	...--
D	-..	O	---	Z	--..	4	....-
E	.	P	.--.			5	.....
F	..-.	Q	--.-			6	-....
G	--.	R	.-.			7	--...
H	....	S	...			8	---..
I	..	T	-			9	----.
J	.---	U	..-			0	-----
K	-.-	V	...-				

图6.1 摩尔斯码字母和数字表

实验结果与分析

按照附录B的要求完成实验报告。

实验 7 C++输入

实验目的

(1) 掌握流提取运算符(>>)的使用方法。
(2) 掌握输入流 cin 的 get 函数的使用方法。
(3) 掌握输入流 cin 的 getline 函数的使用方法。
(4) 理解流的错误状态,掌握常用输入流错误处理方法。

实验内容

1. 编程示例

本实例展示如何检测输入流的状态位,如代码清单 7.1 所示。

代码清单 7.1 检测错误状态

```
1    //File: debug07_01.cpp
2    #include <iostream>
3    using namespace std;
4
5    int main()
6    {
7        int intValue;
8
9        //display results of cin functions
10       cout << "Before a bad input operation:"
11           << "\ncin.rdstate():" << cin.rdstate()
12           << "\n   cin.eof():" << cin.eof()
13           << "\n   cin.fail():" << cin.fail()
14           << "\n   cin.bad():" << cin.bad()
15           << "\n   cin.good():" << cin.good()
16           << "\n\nExpects an integer, but enter a character:";
17
18       cin >> intValue; //enter character value
```

```cpp
19      cout << endl;
20
21      //display results of cin functions after bad input
22      cout << "After a bad input operation:"
23           << "\ncin.rdstate():" << cin.rdstate()
24           << "\n   cin.eof():" << cin.eof()
25           << "\n  cin.fail():" << cin.fail()
26           << "\n   cin.bad():" << cin.bad()
27           << "\n  cin.good():" << cin.good() << endl << endl;
28
29      cin.clear(); //clear stream state
30
31      //display results of cin functions after clearing cin
32      cout << "After cin.clear()"
33           << "\ncin.rdstate():" << cin.rdstate()
34           << "\n   cin.eof():" << cin.eof()
35           << "\n  cin.fail():" << cin.fail()
36           << "\n   cin.bad():" << cin.bad()
37           << "\n  cin.good():" << cin.good() << endl << endl;
38
39      return 0;
40  }
```

程序运行结果：

Before a bad input operation:
cin.rdstate():0
    cin.eof():0
   cin.fail():0
    cin.bad():0
   cin.good():1

Expects an integer, but enter a character: B

After a bad input operation:
cin.rdstate():4
    cin.eof():0
   cin.fail():1
    cin.bad():0
   cin.good():0

After cin. clear()
cin. rdstate():0
  cin. eof():0
 cin. fail():0
  cin. bad():0
 cin. good():1

C++提供如下标识符号表示各种错误类型：

ios::goodbit 无错误
ios::eofbit   已到达文件尾
ios::failbit   非致命的输入/输出错误，可挽回
ios::badbit   致命的输入/输出错误，无法挽回

cin 提供了一个方法检测这个错误，就是 cin.rdstate()。当 cin.rdstate() 返回 ios::goodbit 时表示无错误，可以继续输入操作；若返回 ios::failbit，则发生非致命错误，不能继续输入操作。调用 cin.clear() 可以恢复输入错误，然后结合清空输入缓冲区的方法（例如：cin.sync()），程序就可以继续执行。

2. 调试示例

代码清单 7.2 程序的目的是输入一个整数和一个字符，然后输出整数和字符。请改正程序中的错误。

代码清单 7.2 读入整数和字符串

```
1   //File: debug07_02.cpp
2   #include <iostream>
3   using namespace std;
4
5   int main()
6   {
7       int x;
8       char ch;
9
10      cout << "请输入一个整数:";
11      cin >> x;
12
13      cout << "请输入一个字符:";
14      ch = cin.get();
15
16      cout << "读入的整数 = " << x << endl;
17      cout << ch;
18      cout << "字符的ASCII码值 = " << int(ch);
19
20      return 0;
21  }
```

(1) 对程序进行编译后没有发现错误,连接并运行。输入测试数据后,程序运行结果如下:

请输入一个整数:<u>23</u>

请输入一个字符:读入的整数=23

字符的 ASCII 码值=10

当用户输入 <u>23↵</u> 后,程序并没有停下来等待用户输入一个字符,而是继续运行下去。为什么?第 3 行的空行是如何出现的?哪个字符的 ASCII 的值为 10?

理解输入缓冲区

程序开始运行时,系统为该程序建立了一个输入缓冲区(初始内容为空),用于存放用户键盘输入的内容。读取指针指向读取数据的起始位置。

a. 输入缓冲区的初始状态。

↑
读取指针

b. 当用户输入 <u>23↵</u> 后,输入缓冲区的状态(实际存放的是相应字符的 ASCII 值)。

'2'	'3'	'\n'									

↑
读取指针

c. 执行 cin>>x,程序依次读取数字字符 2 和 3 后,遇到空白字符(↵,即 '\n'),读取整数结束,x 的值为 23;读取指针指向 '\n'。

'2'	'3'	'\n'									

           ↑
    读取指针

d. 执行 ch=cin.get(),程序读取 '\n',存入 ch;读取指针后移一个字符。

'2'	'3'	'\n'									

                ↑
        读取指针

(2) 进一步测试。

a. 输入不同的测试数据,多次测试程序。

测试数据 1:   <u>78a↵</u>

程序运行结果:

_____

_____

_____

为什么?
_____
_____

测试数据2：　　*78a↵*　　（7前面有两个空格,8后面有一个空格）
程序运行结果：
_____
_____

为什么?
_____
_____

b. 对比。
下面代码,对于不同的输入,x 和 y 的值是多少?
int x,y;
cin >> x >> y;

测试数据1：　　*78   79↵*　　（78 和 99 之间有两个空格）
x=_____　y=_____
测试数据2：　　*78↵*
　　　　　　　99↵
x=_____　y=_____
为什么?
_____
_____
_____

（3）修改方案。
在第 11 行添加代码 cin.get();把 '\n' 读取后丢弃不用。重新编译、连接成功。运行,输入测试数据并观察运行结果是否正确。

请输入一个整数:*45↵*

请输入一个字符:*a↵*

（4）清除输入缓冲区的方法。
cin.get();　　//读取输入缓冲区的一个字符
while(cin.get()!='\n');　　//读取输入缓冲区的字符,直到读取到'\n'结束。
cin.sync();　　//清空输入缓冲区

3. 改错题
输入学号和姓名,并输出。

程序运行示例:(正确运行结果)

请输入学号:*111*

请输入姓名:张三

学号:111

姓名:张三

代码清单 7.3 是有错的源程序,请进行改正。

代码清单 7.3　读入学号和姓名

```cpp
1    //File: debug07_03.cpp
2    #include <iostream>
3    using namespace std;
4
5    int main()
6    {
7        int code;
8        char name[20];
9
10       cout << "请输入学号:";
11       cin >> code;
12
13       cout << "请输入姓名:";
14       cin.getline(name, 20);
15
16       cout << "学号:" << code << endl;
17       cout << "姓名:" << name << endl;
18
19       return 0;
20   }
```

修改方案:

_____

_____

_____

_____

_____

4. 输入流状态错误的处理

代码清单 7.4 程序目的是为了获取一个正整数。

代码清单 7.4 获取一个正整数（有错误的程序）

```cpp
1   //File: debug07_04.cpp
2   #include <iostream>
3   using namespace std;
4
5   int main()
6   {
7       int num = -1;
8
9       do
10      {
11          cout << "请输入一个正整数:";
12          cin >> num;
13      } while(num <= 0);
14
15      cout << "正整数:" << num << endl;
16
17      return 0;
18  }
```

对程序进行编译后没有发现错误，连接并运行。由于操作失误输入了a↵后，程序进入无限循环状态。如果你使用的是 Windows 操作系统，只有输入 Ctrl+C（同时按下 Ctrl 键和 C 键），程序才被强制退出。如果你使用的是 Mac、Linux 操作系统，只有输入 Ctrl+D（同时按下 Ctrl 键和 D 键），程序才被强制退出。

定义要输入的变量 num 是整型，但如果我们输入了非数字字符（如英文字母或者汉字），那就会发生错误（详细解释见"1. 编程示例"）。

我们可以用如下代码检测非致命错误：

if(cin.rdstate()==ios_base::failbit)
if(!cin)
if(cin.fail())

修改后的代码，如代码清单 7.5 所示：

代码清单 7.5 获取一个正整数

```cpp
1   #include <iostream>
2   using namespace std;
3
4   int main()
5   {
6       int num = -1;
7
```

```
8       do
9       {
10          cout << "请输入一个正整数:";
11          cin >> num;
12
13          if(!cin)      //或者 if(cin.fail())或者 if(cin.rdstate( ) == ios::failbit)
14          {
15              cin.clear();     //恢复输入状态
16              cin.sync();       //清空输入缓冲区
17          }
18      } while(num <= 0);
19
20      cout << "正整数:" << num << endl;
21
22      return 0;
23  }
```

5. 编程题

(1) 编写一个函数 getUChar,要求用户输入一个大写字母。如果用户输入的不是大写字母,则要求重新输入,直到输入了一个大写字母。返回此大写字母。

(2) 编写一个函数 getNumber,要求用户输入一个大于等于 10 并且小于 30 的正整数。如果用户输入不符合要求,则要求重新输入,直到输入了一个符合要求的整数。返回此整数。

(3) 编写一个程序,输入一个完整的电话号码(例如,###-########,其中#是一个数字),判断输入是否正确。当输入的字符不合适时,需要使用 cin.clear(ios::failbit)设置 failbit 位,程序会检测到错误,输出错误信息,提示用户再次输入。

程序运行示例:
请输入电话号码[###-########]:
<u>01-567777</u>
格式有错,请重新输入:
<u>Dd7878778</u>
格式有错,请重新输入:
<u>021-56347823</u>

(4) 编写一个程序,展示函数 getline 和有 3 个参数的 get 函数都会在输入流中遇到指定分隔符后而停止字符串的读入。并展示 get 函数将结束符留在输入流中,而 getline 则将分隔符从流中提取出来并丢弃。在流中没有被读取的字符会怎样?

(5) 编写一个程序,检测整数的输入格式是十进制、八进制还是十六进制。并用这 3 种格式输出所读取的整数。利用下面的测试数据来测试程序:21,021,0x21。

实验结果与分析

按照附录 B 的要求完成实验报告。

实验 8　函数程序设计

实验目的

(1) 掌握函数的定义与调用方法。
(2) 掌握函数的形参、实参和返回值的概念。
(3) 掌握局部变量与全部变量的作用域。
(4) 了解重载函数、内联函数的基本概念。
(5) 初步掌握递归函数的编程方法。
(6) 掌握调试进入函数和跳出函数的方法。

实验内容

1. 编程示例

编写一个程序，输入 m 和 n(n>m)，求 C_n^m 的值。

分析：已知

$$C_n^m = \frac{n!}{m!(n-m)!}$$

根据公式，只要自定义一个函数计算阶乘，即可通过函数调用求出 C_n^m 的值。本编程示例如代码清单 8.1 所示。

代码清单 8.1　求 C_n^m 的值

```
1    //File: debug08_01.cpp
2    #include <iostream>
3    using namespace std;
4    
5    double fact(int);
6    
7    int main()
8    {
9        int n = -1, m = -1;
10       double c;
11
```

```cpp
12        cout << "please input n,m (n > m && n,m >= 0):";
13        do
14        {
15            cin >> n >> m;
16            if(!cin)
17            {
18                cin.clear();
19                cin.sync();
20                n = m = -1;
21                cout << "n,m must be greater than or equal to 0!" << endl << endl;
22                cout << "please reinput:";
23                continue;
24            }
25            if((n < 0) || (m < 0))
26            {
27                cout << "n,m must be greater than or equal to 0!" << endl << endl;
28                cout << "please reinput:";
29            }
30            else if(n < m)
31            {
32                cout << "n must be greater than m!" << endl << endl;
33                cout << "please reinput:";
34            }
35        }while((n < m) || (n < 0) || (m < 0));
36
37        c = fact(n) / (fact(m) * fact(n - m));
38        cout << "c =" << c << endl;
39    }
40
41    double fact(int k)
42    {
43        int p = 1;
44        if((k == 0) || (k == 1))
45            return p;
46        else
47        {
48            for(int i = 1; i <= k; i++)
49                p *= i;
```

```
50          return p;
51      }
52  }
```

思考：试用静态存储变量设计阶乘函数。

2. 调试示例

本调试示例重点介绍进入当前调试的语句中调用的函数(Step into)和从当前调试的位置回到调用该函数的位置(Step out)的调试方法。

数学上,有理数是一个整数 p 和一个非零整数 q 的比,例如,2/7,通常表示为 p/q,故又称作分数。有理数是整数和分数的集合,整数亦可看做是分母为 1 的分数。代码清单 8.2 的程序目的是用函数实现两个有理数的和,请改正程序中的错误。

如果两个有理数分别为：$r1=p1/q1$, $r2=p2/q2$,则：$r1+r2=(p1*q2+p2*q1)/q1*q2$。

代码清单 8.2 计算有理数的和

```
1   //File: debug08_02.cpp
2   #include <iostream>
3   using namespace std;
4
5
6   int sum_p,sum_q;    //全局变量,用于存放函数结果
7
8   int main()
9   {
10      int r1_p,r1_q;    //第一个有理数的分子和分母变量
11      int r2_p,r2_q;    //第二个有理数的分子和分母变量
12
13      cout << "请输入第一个有理数(p q):";
14      cin >> r1_p >> r1_q;
15      cout << "请输入第二个有理数(p q):";
16      cin >> r2_p >> r2_q;
17
18      rational_add(r1_p,r1_q,r2_p,r2_q);    //调用函数,求两个有理数的和
19
20      cout << r1_p << "/" << r1_q << "+" << r2_p << "/" << r2_q
21          << "=" << sum_p << "/" << sum_q << endl;
22
23      return 0;
24  }
25
26  void rational_add(int p1,q1,p2,q2)
```

```
27    {
28        int sum_p,sum_q;
29
30        sum_p = p1 * q2 + p2 * q1;      //设置断点
31        sum_q = q1 * q2;
32
33        return sum_p,sum_q;             //设置断点
34    }
```

(1) 对上述程序进行编译后共有_____error(s)，_____warning(s)，请理解并翻译各个 error 和 warning。

_____
_____
_____
_____
_____
_____
_____

(2) 错误改正。

a. 在第 5 行插入函数声明：

void rational_add(int p1,int q1,int p2,int q2);

第 1 个错误被改正。

b. 第 26 行改为：

void rational_add(int p1,int q1,int p2,int q2)

重新编译，第 2~7 个错误被改正。函数的每一个参数都必须单独定义类型，而不能像普通变量定义形式。

c. 删除第 33 行 return sum_p,sum_q;，因为 viod 函数表示没有结果返回。本例需要返回两个值(有理数的分子和分母)，而 C/C++函数的返回值最多只能一个，所以无法用 return 语句返回，而是通过全局变量实现。当然，这不是最好的解决方案，在以后的实验中我们会有更好的方法来解决这个问题。

(3) 调试步骤。

a. 经过上述错误的修改，再重新编译，连接成功。运行，输入测试数据如下：

请输入第一个有理数(p q)：1 3

请输入第二个有理数(p q)：2 5

运行结果为_____，是否正确：_____。

b. 调试步骤 1：执行到指定光标处。

在第 18 行上单击，将光标定位到该行，单击调试工具条上的按钮 ▣ (Run to cursor)，程

序执行到光标处(第18行),在运行窗口中输入上述数据。在观察窗口中显示 r1_p、r1_q、r2_p 和 r2_q 的值,均正确。

c. 调试步骤2:观察全局变量。

在观察窗口任何空白的地方单击鼠标右键,出现悬浮菜单(见图 8.1),选择"Add watch",出现编辑窗口(见图 8.2),在"Keyword:"项中输入::sum_q,在"Format"项中选择 Decimal,最后单击[OK]按钮,再看一下观察窗口的变化。

按照同样的方法把全局变量 sum_q 添加到观察窗口,显示它们的值都是 0,正确。

观察"Local variables"中出现的局部变量是＿＿＿＿＿＿函数的局部变量(见图 8.3)。

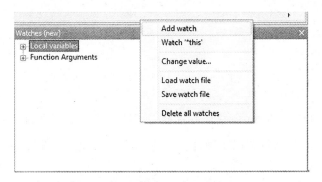

图 8.1　在观察窗口中添加变量(1)

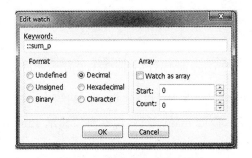

图 8.2　在观察窗口中添加变量(2)

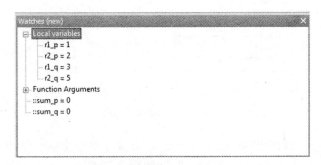

图 8.3　观察全局变量的值

d. 调试步骤3:进入 rational_add 函数。

为了调试方便,在第 32 行添加代码:while(true) break;在第 30、32 行设置断点。

单击按钮 (Step into),进入 rational_add 函数,观察"Local variables"中出现的局部变量是函数的局部变量(见图 8.4)。为什么全局变量前面要加::?

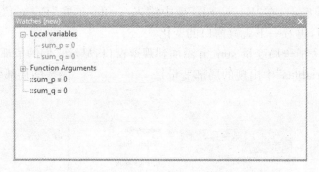

图 8.4　进入 rational_add 函数后的观察窗口(1)

单击按钮 (Debug/Continue),程序运行到第 32 行,观察窗口显示函数局部变量 sum_p=11,sum_q=15,运行数据正确,但全局变量没有变化(见图 8.5)。为什么?

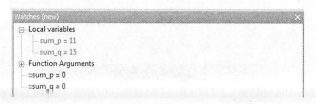

图 8.5　进入 rational_add 函数后的观察窗口(2)

e. 调试步骤 4:跳出 rational_add 函数,返回 main 函数。

单击按钮 (Step out),返回 main 函数,观察窗口显示 sum_p=0,sum_q=0,函数的计算结果丢失(见图 8.6)。

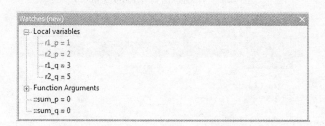

图 8.6　返回 main 函数后的观察窗口

原因分析:程序第 6 行代码"int sum_p,sum_q;"定义了两个全局变量,而在函数 rational_add 中第 28 行再次定义了"int sum_p,sum_q;",这使得在函数 rational_add 中 sum_p 和 sum_q 变成了局部变量,其作用域范围仅局限在 rational_add 内,离开函数后变量不复存在;回到 main 函数后,变量 sum_p 和 sum_q 为全局变量,其值为原来的 0 值。

结论：全局变量的作用域范围从定义处到程序结束，但当函数的局部变量与全局变量同名时，进入函数内以局部变量为准，全局变量不起作用。

单击按钮 ✕（Stop debugger），将第 28 行"int sum_p,sum_q;"删除，使得全局变量的作用域覆盖到函数 rational_add 中。删除为了调试方便，而在第 32 行添加的代码："while(true) break;"。

f. 调试步骤 5：重新执行步骤 b、c、d 和 e，观察 sum_p 和 sum_q 值，发现全局变量的值从 rational_add 函数返回到 main 函数后得到保持，最终程序运行正确。

3. 改错题

输入一个双精度浮点数 x 和一个整数 n(n≥0)，输出函数 p(x,n)的值(保留 2 位小数)。代码清单 8.3 是有错的源程序，请进行改正。

$$p(x,n) = \begin{cases} 1, & n = 0 \\ x * p(x, n-1), & n > 0 \end{cases}$$

程序运行示例：
Please input x,n:<u>1.23 5</u>
p(1.23,5)=2.82

代码清单 8.3 求 x^n 的值（有错的程序）

```
1   //File: debug08_03.cpp
2   #include <iostream>
3   #include <iomanip>
4   using namespace std;
5
6   int main()
7   {
8       int n;
9       double x;
10
11      cout << "Please input x,n:";
12      cin >> x >> n;
13      cout << setprecision(2) << fixed << "p(" << x << "," << n << ") = " << p(x,n) << endl;
14
15      return 0;
16  }
17
18  double p(double x,int n)
19  {
20      return   x * p(x,n - 1);
21  }
```

对程序进行编译和连接,没有出现错误,运行程序。
出现现象:

请利用我们已经学习过的各种调试方法,找出错误,写出调试步骤并修改方案。
调试方法:

修改方案:

4. 编程题

(1) 输入两个正整数 m 和 n(1≤m, n≤100),统计并输出 m～n 之间的素数的个数。要求定义并调用函数 isPrime(n)判断 n 是否是素数。

程序运行示例:

Please input m,n:<u>1 10</u>

Count=4

(2) 完全数(perfect number),又称完美数或完备数,是一些特殊的自然数。它所有的真因子(即除了自身以外的约数)的和,恰好等于它本身。例如:28 是一个完全数,它有约数 1、2、4、7、14、28,除去它本身 28 外,其余 5 个数相加,1+2+4+7+14=28。

编写程序,输入两个正整数 m 和 n(1≤m, n≤10 000),输出 m~n 之间的所有完全数。要求定义并调用函数 perfectNumber(n)判断 n 是否是完全数。

程序运行示例:

Please input m,n:<u>100   10000</u>

Perfect number in [100,10000]:496 8128

(3) 输入两个十进制正整数 n 和 base(2≤base≤16),将 n 转换为 base 进制后输出。要求定义并调用函数 printInt(n, base),它的功能是输出 n 的 base 进制。

程序运行示例:

Please input n,base:<u>255 16</u>

255(10)=FF(16)

(4) 编写一个程序,可以玩"猜数字"的游戏。程序首先随机产生一个 1~100 之间的整数,然后提示玩家输入自己的猜测。如果玩家的猜测是不正确的,程序应继续循环,直到玩家最终猜对为止。此过程中程序一直提醒玩家是猜大了(Too high)或者猜小了(Too low),这样可以帮助玩家尽快获得正确的答案。

程序运行示例:

I have a number between 1 and 100.

Please input your guess:<u>50</u>

Too high! Try again:<u>25</u>

Too low! Try again:<u>38</u>

Excellent! You guessed the number!

Would you like to play again (y or n)?   <u>n</u>

(5) 设计一个基于分治法的函数 max(int arr[ ], int size),找出整型数组 arr 中的最大值。

〈提高题〉

(6) 某单位在某个湖里举行潜水比赛,这是一个团体项目,每一支队伍由 n 人组成,要求所有队员从起点(A 岸)潜水到终点(B 岸)。在潜水时必须使用氧气瓶,但是每支队伍只有一个氧气瓶。最多两人同时使用一个氧气瓶,但此时两人必须同步游泳,因此两人到达终点的时间等于较慢的一个人单独游到终点所需的时间。大家都很友好,任何两个人都愿意一起游泳。安排一种潜水的策略,使得最后一名队员尽量早到达终点。

编写一个程序,首先输入某个队伍的人数 n(n<100),接着依次输入 n 个队员的游到终点的时间,输出所有队员最早到达终点的时间。

程序运行示例如下:

Please input n:<u>3</u>

<u>1</u>

<u>3</u>

<u>4</u>

8

提示：

首先将 n 个队员游到终点耗时的长短升序排序，假设得到 P_1，P_2，…，P_n，安排耗时最短的 2 个人 P_1，P_2 先游到 B 岸，P_2 留在 B 岸，P_1 游回 A 岸；接着安排耗时最长的两个人 P_n 和 P_{n-1} 游到 B 岸，再安排 P_2 游回 A 岸，至此 A 岸剩下 P_1，P_2，…，P_{n-2}，P_n 和 P_{n-1} 已经在 B 岸。重复上述策略，直到所有人游到 B 岸。算法实现时，需要考虑人数是奇数还是偶数。如果是奇数个人，最后在 A 岸剩下的为 P_1、P_2 和 P_3，3 人最后到达 B 岸耗时为 $P_1+P_2+P_3$；如果是偶数个人，最后在 A 岸剩下的为 P_1 和 P_2，2 人最后到达 B 岸耗时为 P_2。

实验结果与分析

按照附录 B 的要求完成实验报告。

实验 9　指针与数组

实验目的

(1) 理解指针和数组的关系。
(2) 掌握通过指针操作数组元素的方法。
(3) 掌握数组名作为函数参数的方法。
(4) 掌握通过指针操作字符串的方法。

实验内容

1. 编程示例

用指针与数组作为函数参数，按下面四种情况求整型数组的最大值，如代码清单 9.1 所示。

(1) 函数的实参为数组名，形参为数组。
(2) 函数的实参为数组名，形参为指针变量。
(3) 函数的实参为指针变量，形参为数组。
(4) 函数的实参为指针变量，形参为指针变量。

代码清单 9.1　求整型数组的最大值

```
1    //File: debug09_01.cpp
2    #include <iostream>
3    using namespace std;
4    
5    int max1(int a[],int n);           //形参为数组名
6    int max2(int *p,int n);            //形参为指针
7    int max3(int a[],int n);           //形参为数组名
8    int max4(int *p,int n);            //形参为指针
9    
10   int main()
11   {
12       int b[] = {4,3,1,6,2,5};
13       int *pi;
```

```
14
15      cout << "max1 =" << max1(b,6) << endl;    //实参为数组名,形参为数组
16      cout << "max2 =" << max2(b,6) << endl;
                                                  //实参为数组名,形参为指针变量
17      pi = b;
18      cout << "max3 =" << max3(pi,6) << endl;
                                                  //实参为指针变量,形参为数组
19      pi = b;
20      cout << "max4 =" << max4(pi,6) << endl;
                                                  //实参为指针变量,形参指针变量
21
22      return 0;
23  }
24
25  int max1(int a[],int n)          //形参为数组名
26  {
27      int i,max = a[0];
28
29      for(i = 1; i < n; i++)
30          if (a[i] > max)
31              max = a[i];
32
33      return max;
34  }
35
36  int max2(int *p,int n)           //形参为指针
37  {
38      int i,max = *(p+0);
39
40      for(i = 1; i < n; i++)
41          if(*(p+i) > max)
42              max = *(p+i);
43
44      return max;
45  }
46
47  int max3(int a[],int n)          //形参为数组名
48  {
49      int i,max = *(a+0);
50
```

```
51        for(i = 1; i < n; i++)
52            if(*(a+i) > max)
53                max = *(a+i);
54
55        return max;
56   }
57
58   int max4(int *p,int n)                    //形参为指针
59   {
60        int i,max = p[0];
61
62        for(i = 1; i < n; i++)
63            if(p[i] > max)
64                max = p[i];
65
66        return max;
67   }
```

2. 调试示例

输入一个字符串 str,再输入一个字符 c,将字符串 str 中出现的所有字符 c 删除。要求定义并调用函数 delch(str,c),它的功能是将字符串 str 中出现的所有字符 c 删除。

程序运行示例:

Please input a string:*Happy puppy*

Please input a char to be deleted:*p*

After deleted，the string is:Hay uy

具体程序如代码清单9.2所示。

代码清单9.2 删除字符串中特定的字符

```
1    //File: debug09_02.cpp
2    #include <iostream>
3    #include <cstring>
4    using namespace std;
5
6    char *delch(char s,char c);
7
8    int main()
9    {
10       char str[80],c;
11
```

```
12      cout << "Please input a string:";
13      cin.getline(str,80);
14      cout << "Please input a char to be deleted:";
15      cin >> c;
16      cout << "After deleted,the string is:" << delch(str,c) << endl;
17
18      return 0;
19  }
20
21  char *delch(char s,char c)
22  {
23      char *p=s, *q;
24
25      while(*p != '\0')
26      {
27          if(*p == c)
28          {
29              q = p;
30              while(*q != '\0')
31              {
32                  *q = *(q+1);
33                  q++;
34              }
35          }
36          p++;            //调试时添加断点
37      }
38
39      return s;
49  }
```

(1) 对程序进行编译后共有____error(s),请理解并翻译各个 error。

_____
_____
_____
_____
_____

(2) 错误改正。
a. 改正第 6 行。
第 6 行：char * delch(char s,char c);
修改为_____

b. 改正第21行。

第__21__行：char *delch(char s,char c)

修改为_____

(3) 改正错误后，再次编译连接后无错误出现，运行程序，输入测试数据如下：

Please input a string: *Happy puppy*

Please input a char to be deleted: *p*

运行结果为_____

是否正确：_____

(4) 请仔细分析错误产生的原因，利用以前实验介绍的调试方法进行改错。请简要说明你的方法。

方法：_____

_____

_____

_____

_____

_____

_____

_____

3. 改错题

代码清单9.3程序的目的是通过函数实现两个实数的积与商，请改正程序中的错误。

程序运行示例一：

Please input op1 op2: *4.2 2.1*

The product is: 8.82

The quotient is: 2

程序运行示例二：

Please input op1 op2: *4.2 0*

ERROR! The denominator is zero!

代码清单9.3 计算两个实数的积与商（有错的程序）

```
1    //File: debug09_03.cpp
2    #include <iostream>
3    using namespace std;
4
5    int product_quotient(double,double,double,double);
6
7    int main()
8    {
9        double op1,op2;
```

```
10      double pro,quo;
11
12      cout << "Please input op1 op2:";
13      cin >> op1 >> op2;
14
15      if(!product_quotient(op1,op2,&pro,&quo))
16      {
17          cout << "The product is:" << pro << endl;
18          cout << "The quotient is:" << quo << endl;
19      }
20      else
21      {
22          cout << "ERROR!The denominator is zero!" << endl;
23      }
24
25      return 0;
26  }
27
28  int product_quotient(double op1,double op2,double *ppro,double *pquo)
29  {
30      if(!op2) return 1;//分母不能为 0
31      ppro = op1 * op2;
32      pquo = op1 / op2;
33
34      return 0;
35  }
```

(1) 对程序进行编译后共有____error(s),请理解并翻译各个 error。

_____

_____

_____

_____

(2) 错误改正。
a. 改正第 1 个错误：
错误1:第_____行_____
修改为_____
b. 改正第 2 个错误：
错误2:第_____行_____
修改为_____

c. 改正第 3 个错误：

错误 3：第 _____ 行 _____

修改为 _____

4. 编程题

(1) 在数组中查找特定元素是否存在。输入一个正整数 n(1＜n≤20)，然后再输入 n 个整数存入数组 arr 中；接着输入一个整数 key，在数组 arr 查找 key 是否存在。如果在 arr 中找到了 key，则输出相应的下标；否则输出"Not Found"。要求定义并调用函数 search(arr, n, key)，它的功能是在数组 arr 中查找元素 key，若找到则返回相应的下标，否则返回 −1。

程序运行示例一：

Please input n：*4*

Please input 4 integers：*3 7 8 2*

Please input key：*8*

Index＝2

程序运行示例二：

Please input n：*3*

Please input 3 integers：*6 9 4*

Please input key：*7*

Not Found

(2) 约瑟夫环问题：n 个人围成一圈，按顺序从 1 到 n 编号。从第一个人开始报数 1、2、3，报到 3 者退出圈子，下一个人从 1 开始重新报数，报到 3 的人退出圈子。如此进行下去，直到留下最后一个人。请问留下来的人的编号？

程序运行示例：

Please input n：*4*

Last code：1

(3) Julian 历法是用年及这一年中的第几天来表示日期。设计一个函数将 Julian 历法表示的日期转换成公历的月和日，要求函数返回一个字符串，即转换后的月和日，如 Dec 8。如果参数有错，如天数为第 380 天，则返回 NULL。

(4) 编写程序，将输入的一个字符串进行加密和解密。加密时，每个字符依次反复加上"8734962"中的数字，如果范围超过 ASCII 码的 032(空格)～122('z')，则进行模运算。解密与加密的顺序相反。编制加密和解密函数，打印各个过程的结果。

程序运行示例：

Please input plain text：*wherewithal*

Encrypt：\$ohvn "k!odp

Decrypt：wherewithal

(5) 实现一个过滤敏感词汇的程序。规则如下：

a. 能接受的字符：①字母；②数字；③三个标点符号,."；④空格；⑤三个无用的符号 @#\$。

b. 对于敏感信息的词汇不分大小写。

c. 要注意滤去可能在敏感词汇的中间出现的一些空格(比如要滤去 lv，输入 l v 时要辨认出来并滤去)。

d. 若有用信息(字母,数字)中间夹着无用的符号,也要辨认出并滤去。假如敏感词汇是 mz,那么输入 m#z 也要滤去,但是输入 m1,z 不用滤去。

基本部分:要过滤的敏感词汇只有 L4 和 Fd 和 D26 这 3 个词,而且接受输入的字符串长度不大于 20 个字符。

扩展部分:在以上规则的基础上加入新的功能:①标点符号和无用符号由用户的输入决定;②敏感词汇由用户输入决定;③接受输入字符串长度由用户输入决定。

基本部分程序运行示例:

输入字符串(不多于 20 个字符):*L^67d**
输入不符合要求

输入字符串(不多于 20 个字符):*@#$,."*
过滤后:@#$,."

输入字符串(不多于 20 个字符):*f @#$,d*
过滤后:f @#$,d

输入字符串(不多于 20 个字符):*#f@#$$#d#*
过滤后:# #

输入字符串(不多于 20 个字符):*f$#d26*
过滤后:26

输入字符串(不多于 20 个字符):*Ld264*
过滤后:

输入字符串(不多于 20 个字符):*12345678901234567890123*
输入不符合要求

输入字符串(不多于 20 个字符):

〈提高题〉

(6) 编写一个程序,实现长度单位的公制到英制的换算。程序应该允许用户指定单位的名字(它们都是字符串)。对于公制系统,也就是 millimeter(毫米)、centimeter(厘米)、decimeter(分米)、meter(米)等等,对于英制系统,也就是 inch(英寸)、feet (英尺)、yards(码)等,如表 9.1 所示。

程序运行示例:

Please input:

How many inches are in 2 meters?

78.8

Go on?(y/n):<u>y</u>

Please input:

How many feet are in 3 meters?

9.84

Go on?(y/n):<u>n</u>

表 9.1　长度单位公制到英制转换

1 millimeter(毫米)＝0.039 4 inch(英寸)
1 centimeter(厘米)＝10 millimeters(毫米)＝0.394 inch(英寸)
1 decimeter(分米)＝10 centimeters(厘米)＝3.94 inches(英寸)
1 meter(米)＝10 decimeters(分米)＝1.093 6 yards(码)＝3.28 feet（英尺）

实验结果与分析

按照附录 B 的要求完成实验报告。

实验 10　指针数组与函数指针

实验目的

(1) 理解指针数组、多级指针及函数指针的概念。
(2) 掌握指针数组编程方法。
(3) 掌握函数指针的基本应用。
(4) 掌握动态空间分配的编程方法。
(5) 理解 main 函数的参数及应用方法。

实验内容

1. 编程示例

对比下面两段代码,理解函数指针的用法。
(1) 普通函数示例,如代码清单 10.1 所示。

代码清单 10.1　计算图形面积(用普通函数实现)

```
1    //File: debug10_01.cpp
2    #include <iostream>
3    using namespace std;
4
5    //函数声明
6    double triangle_area(double &x,double &y);//三角形面积
7    double rectangle_area(double &x,double &y);//矩形面积
8    double set_value(double &x,double &y);//设定长宽(高)
9    double func(double &x,double &y);//输出面积
10
11   int main()
12   {
13       bool quit = false;//初始化退出的值为否
14       double a = 2,b = 3;//初始化两个参数 a 和 b
15       char choice;
16
```

```cpp
17      while(!quit)
18      {
19          cout << "\nq:退出;1:设定长、宽或高;2:三角形面积;3:矩形面积\n" << endl;
20          cin >> choice;
21
22          switch(choice)
23          {
24              case 'q':
25                  quit = true;
26                  break;
27              case '1':
28                  set_value(a,b);
29                  break;
30              case '2':
31                  cout << "三角形的面积为:\t" << triangle_area(a,b) << endl;
32                  break;
33              case '3':
34                  cout << "矩形的面积为:\t" << rectangle_area(a,b) << endl;
35                  break;
36              default:
37                  cout << "输入不合适规则!" << endl;
38          }
39      }
40
41      return 0;
42  }
43
44  //函数定义
45  double triangle_area(double &x,double &y)
46  {
47      return x * y * 0.5;
48  }
49
50  double rectangle_area(double &x,double &y)
51  {
52  return x * y;
53  }
54
55  double set_value(double &x,double &y)
56  {
```

```
57        cout << "请输入长、宽(高):";
58        cin >> x >> y;
59
60        return 0.0;
61    }
```

(2) 函数指针示例,如代码清单 10.2 所示。

代码清单 10.2 计算图形面积(用函数指针实现)

```
1     //File: debug10_02.cpp
2     #include <iostream>
3     using namespace std;
4
5     //函数声明
6     double triangle_area(double &x,double &y);//三角形面积
7     double rectangle_area(double &x,double &y);//矩形面积
8     double set_value(double &x,double &y);//设定长、宽(高)
9                                                  //利用函数指针输出面积
10    double func(double(*p)(double &,double &),double &x,double &y);
11
12    //函数定义
13    double triangle_area(double &x,double &y)
14    {
15        cout << "三角形的面积为:\t" << x * y * 0.5 << endl;
16
17        return 0.0;
18    }
19
20    double rectangle_area(double &x,double &y)
21    {
22        cout << "矩形的面积为:\t" << x * y << endl;
23
24        return 0.0;
25    }
26
27    double func(double(*p)(double &x,double &y),double &x,double &y)
28    {
29        p(x,y);
30
31        return 0.0;
```

```cpp
32    }
33
34    double set_value(double &x,double &y)
35    {
36        cout << "请输入长、宽(高):";
37        cin >> x >> y;
38
39        return 0.0;
40    }
41
42    int main()
43    {
44        bool quit = false;//初始化退出的值为否
45        double a = 2,b = 3;//初始化两个参数a和b
46        char choice;
47
48        while(!quit)
49        {
50            cout << "\nq:退出;1:设定长、宽或高;2:三角形面积;3:矩形面积\n" << endl;
51            cin >> choice;
52
53            switch(choice)
54            {
55                case 'q':
56                    quit = true;
57                    break;
58                case '1':
59                    func(set_value,a,b);
60                    break;
61                case '2':
62                    func(triangle_area,a,b);
63                    break;
64                case '3':
65                    func(rectangle_area,a,b);
66                    break;
67                default:
68                    cout << "输入不合适规则!" << endl;
69            }
70        }
71
```

```
72      return 0;
73  }
```

函数指针的用途：

_____

_____

_____

_____

2. 调试示例

输入若干个城市的名称（每个城市名称的长度小于 30 个字符，城市总数不超过 30），每行输入一个城市，以一行单独输入字符@作为输入结束标志。要求对这些城市按照字典顺序进行排序后输出，有错的程序如代码清单 10.3 所示。

程序运行示例：

Please input the names of several cities, one city per line(@-- end):

Shanghai

Beijing

Nanjing

Suzhou

@

Beijing
Nanjing
Shanghai
Suzhou

代码清单 10.3 城市名称排序（有错的程序）

```
1   //File: debug10_03.cpp
2   #include <iostream>
3   #include <cstring>
4   using namespace std;
5
6   int main()
7   {
8       int i,j,n = 0;
9       char * city[30],str[30],temp[30];
10
11      //input
12      cout << "Please input the names of several cities,one city per line
            (@--end).\n";
```

```
13          cin >> str;
14          while(str[0] != '@')
15          {
16              city[n] = new char[sizeof(char) * (strlen(str) + 1)];
17              strcpy(city[n++],str);
18              cin >> str;
19          }
20
21          //sort
22          for(i = 1; i < n; i++)      //设置断点
23          {
24              for(j = 0; j < n - i; j++)
25              {
26                  if(city[j] > city[j + 1])   //设置断点
27                  {
28                      temp = city[j];     //设置断点
29                      city[j] = city[j + 1];
30                      city[j + 1] = temp;
31                  }
32              }
33          }
34
35          //output
36          for(i = 0; i < n; i++)
37          {
38              cout << city[i] << endl;
39              delete[]city[i];
40          }
41
42          return 0;
43      }
```

(1) 对程序进行编译后共有____error(s)，双击第一个错误，光标指向源程序第_____行。

错误原因：_____

改正方法：_____

(2) 改正错误后，再次编译连接后无错误出现；运行程序，按照题目中给出的程序运行示例的输入数据测试程序。运行结果是否正确？

_____

(3) 调试步骤。

a. 调试开始，按照源程序 debug10_03.cpp 注释要求设置三个断点。

b. 执行"Debug"—"Start",程序执行到第一个断点处。在观察窗口输入变量 city,观察 city 的值,是否正确？_____。

c. 继续执行"Debug"—"Continue",程序执行到第二个断点处。执行"Debug" —"Next line",程序运行到什么位置？第_____行。

按照字典顺序"Shanghai"应该排在"Beijing"后面,正常情况下程序应该运行到第三个断点处。

错误原因：_____

改正方法：_____

3. 编程题

(1) 编写一个程序,输入 n(n<5)个字符串,输出其中最短字符串的有效长度。要求定义函数 int minlen(char * str[], int n),用于计算有 n 个元素的指针数组 str 中最短的字符串长度。

程序运行示例：

请输入字符串个数：*3*

Shanghai

Beijing

Nanjing

7

(2) 编写一个程序,输入一个字符串和一个字符,如果该字符在字符串中存在,就从该字符最后出现的位置开始输出字符串中的剩余字符。要求定义函数 char * mystrrchr(char * str, char ch);如果 ch 在字符串存在,就返回最后出现的位置;如果 ch 在字符串不存在,就返回 NULL。

(3) 编写程序 citysort.cpp,编译连接后产生可执行代码 citysort.exe,在命令行输入如下命令：

citysort   Shanghai Beijing Nanjing Suzhou

程序运行结果如下：

Suzhou

Shanghai

Nanjing

Beijing

该程序通过读取 main 函数参数(不含执行程序名),并按字典顺序逆序输出。

(4) 用带参数的 main 函数实现一个整数四则运算(+,-,*,/)的计算器。例如,在命令行输入如下命令：*calc   5 * 3*,则程序执行结果为 15。

(5) 编写一个程序,利用随机数生成创建语句。该程序使用 4 个 char 类型的指针数组,它们分别是 article, noun, verb 和 preposition。该程序按照 article, noun, verb, preposition, article 和 noun 顺序从每个数组中分别随机选取一个单词来创建语句。选取每个单词时,应该在一个足够大的、可以存放整个句子的数组中把它和上一个单词连接。单词之间用空格隔开。当输出最终的句子时,应该以一个大写字母开头,并以一个句号结束。该程序应该生成 20 个这样的句子。

这些数组填空的内容如下:article 数组包含冠词"the"、"a"、"one"、"some"和"any";noun 数组包含名称"boy"、"girl"、"dog"、"town"和"car";verb 数组包含动词"drove"、"jumped"、"ran"、"walked"和"skipped";preposition 数组包含介词"to"、"from"、"overd"、"under"和"on"。

〈提高题〉

(6) 利用随机数生成开发一个洗牌和发牌的模拟程序。

一副扑克牌有 54 张牌,其中 52 张是正牌,另 2 张是副牌(大王和小王)。52 张正牌又均分为 13 张一组,并以黑桃、红桃、梅花、方块四种花色表示各组,每组花色的牌包括从 1~10(1 通常表示为 A)以及 J、Q、K 标示的 13 张牌,玩法千变万化。

你可以利用下面提供的数据结构:

const char *suit[4] = {"Spades", "Hearts", "Clubs", "Diamonds"};表示扑克牌的四个花色。

const char *face[13] = {"Ace", "Deuce", "Three", "Four", "Five", "Six", "Seven", "Eight", "Nine", "Ten", "Jack", "Queen", "King"};表示每组花色的 13 张牌的名称。

int deck[4][13];表示一副要玩的牌。不考虑大王和小王。

实验结果与分析

按照附录 B 的要求完成实验报告。

实验 11　结构体与链表

实验目的

(1) 掌握结构类型的定义方法。
(2) 掌握结构变量的使用方法。
(3) 掌握结构数组的基本使用方法。
(4) 掌握结构的嵌套应用。
(5) 掌握结构变量作为函数参数、函数返回值的编程方法。
(6) 掌握结构指针的概念,以及作为函数参数、函数返回值的编程方法。
(7) 理解单向链表的概念以及基本操作。

实验内容

1. 编程示例

员工结构体和链表结点结构体定义如下：

```
struct Employee        //员工结构
{
    char name[20];     //姓名
    double salary;     //工资
};

struct node            //结点结构
{
    Employee emp;      //数据域类型为结构体 Employee
    node *next;
};
```

编写程序,实现下列链表的基本操作。
(1) 将结点按照员工姓名字典顺序插入到链表指定位置。
(2) 建立一个按照员工姓名字典顺序的有序链表。
(3) 输出链表上各结点数据。
(4) 删除链表中某个结点数据。
(5) 删除整个链表。

具体如代码清单 11.1 所示。

代码清单 11.1　利用单链接建立员工信息表

```
1    //File: debug11_01.cpp
2    #include <iostream>
3    #include <cstring>
4    using namespace std;
5
6    struct Employee
7    {
8        char name[20];      //姓名
9        double salary;      //工资
10   };
11
12   struct node
13   {
14       Employee emp;       //数据域——员工信息
15       node *next;         //指针
16   };
17
18   node *insEmp(node *head,node *p); //按照员工姓名的字典顺序插入结点
19   node *createbyName();    //建立一条按照姓名字典顺序排序的链表
20   void print(const node *head);    //输出链表
21   node *delEmp(node *head,const char *name); //删除指定姓名的员工对应的结点
22   void delLink(node *head);        //删除整个链表
23
24   //主程序：
25   #include <iostream>
26   #include <cstring>
27   using namespace std;
28
29   int main()    //主函数
30   {
31       node *head;
32       char name[20];
33
34       head = createbyName();      //产生一个有序链表
35       print(head);                //输出显示有序链表
36
37       cout << "\n输入要删除结点的员工姓名:";
```

```cpp
38      cin >> name;                    //输入要删除结点的员工姓名
39      head = delEmp(head,name);       //删除指定员工的结点
40      print(head);                    //输出显示删除后的链表
41
42      delLink(head);                  //删除整个链表
43
44      return 0;
45  }
46
47  //按照员工姓名的字典顺序插入结点
48  node *insEmp(node *head, node *p)
49  {
50      node *pc, *pa;                  //定义指向插入点前、后的指针 pc 与 pa
51      pc = pa = head;
52
53      if(head == NULL)                //若链表为空,则新结点插入到链表首
54      {
55          head = p;
56          p->next = NULL;
57          return head;
58      }
59                                      //若新结点姓名<首结点姓名,则新结点插在链首
60      if(strcmp(p->emp.name,head->emp.name) <= 0)
61      {
62          p->next = head;
63          head = p;
64          return head;
65      }
66                                      //若链表非空,则按姓名查找插入点
67      while (pc != NULL&&strcmp(p->emp.name,pc->emp.name)>0)
68      {
69          pa = pc;                    // pc、pa 移到插入点前、后结点处
70          pc = pc->next;
71      }
72
73      if(pc == NULL)      //新结点插入到链尾
74      {
75          pa->next = p;
76          p->next = NULL;
77      }
```

```cpp
78      else                        //新结点插入到链表中间
79      {
80          p->next = pc;
81          pa->next = p;
82      }
83      return head;                //返回链表头指针
84  }
85
86  //建立一条按照姓名字典顺序排序的链表
87  node *createbyName()
88  {
89      node *head = NULL, *p;     //定义链表头指针 head 及指向新结点的指针变量 p
90      char name[20];
91      int salary;
92
93      cout << "按姓名产生一条有序链表,请输入员工姓名与工资,以@ 为结束:\n";
94      cin >> name;                //输入员工姓名
95      while (name[0] != '@')      //姓名第一个字符不等于'@'则循环
96      {
97          p = new node;           //动态分配 node 类型结点空间,并将其地址赋给 p
98          cin >> salary;
99          strcpy(p->emp.name, name);
100         p->emp.salary = salary;
101         head = insEmp(head, p); //调用插入函数,将新结点插入链表
102         cin >> name;
103     }
104     return head;                //返回链表头指针
105 }
106
107 //输出链表
108 void print(const node *head)
109 {
110     const node *p;
111     p = head;
112
113     cout << "输出链表中员工姓名和工资:" << endl;
114     while (p != NULL )
115     {
116         cout << p->emp.name << '\t' << p->emp.salary << endl;
117         p = p->next;
```

```cpp
118        }
119  }
120
121  //删除链表上指定姓名的员工对应的结点
122  node *delEmp( node *head, const char *name)
123  {
124      node *pc, *pa, *headtemp;
125      headtemp = pc = pa = head;
126
127      if(head == NULL)           //链表为空的情况
128      {
129          cout << "链表为空,无结点可删！\t";
130          return  NULL;
131      }
132      if(strcmp(pc->emp.name,name) == 0)   //第一个结点为要删除结点的情况
133      {
134          head = pc->next;      //将第二个结点的地址赋给 head
135          delete pc;            //删除首结点
136          cout << "删除了一个结点！\n";
137      }
138      else                      //第一个结点不是要删除的结点
139      {
140          while(pc != NULL && strcmp(pc->emp.name, name))
                                     //查找要删除的结点
141          {
142              pa = pc;              //当前结点地址由 pc 赋给 pa
143              pc = pc->next;        //pc 指向下一个结点
144          }
145          if (pc == NULL)           //若 pc 为空表示链表中无要删除的结点
146              cout << "链表中没有要删除的结点！\n";
147          else
148          {
149              pa->next = pc->next;  //将下结点地址赋给上结点
150              delete pc;            //删除指定结点
151              cout << "删除一个结点！\n";
152          }
153          head = headtemp;
154      }
155      return head;                  //返回链表头指针
156  }
```

```
157
158    //删除链表
159    void delLink(node *head)
160    {
161        node *p;
162        p = head;                    //链表头指针赋给p
163        while(head)                  //当链表非空时删除结点
164        {
165            head = p->next;          //将链表下一个结点指针赋给head
166            delete p;                //删除链表第一个结点
167            p = head;                //再将头指针赋给p
168        }
169    }
```

2. 改错题

输入若干个正整数(输入-1作为输入结束标志),要求按照输入顺序的逆序建立一个单链表,并输出。代码清单11.2是有错的源程序,请进行改正。

程序运行示例：

请输入若干个正整数(-1结束)

<u>1 4 89 56 -1</u>

按照输入顺序逆序输出

89 56 4 1

代码清单11.2 建立整数单链表(有错的程序)

```
1    File: debug11_02.cpp
2    #include <iostream>
3    using namespace std;
4
5    struct reportList
6    {
7        int num;
8        reportList *next;
9    };
10
11   int main()
12   {
13       reportList *head, *p, *q;
14       int num;
15
16       head = NULL;
```

```cpp
17        cout << "请输入若干个正整数(-1 结束)\n";
18        cin >> num;
19        while(num != -1)
20        {
21            p = new reportList;
22            p->num = num;
23            head = p->next;
24            head = p;
25            cin >> num;
26        }
27
28        cout << "按照输入顺序逆序输出\n";
29        for(p = head; p->next != NULL; p = p->next)
30        {
31            cout << p->num << " ";
32        };
33        cout << endl;
34
35        for(p = head; p != NULL; p = q)
36        {
37            q = p->next;
38            delete p;
39        }
40
41        return 0;
42    }
```

(1) 对程序进行编译连接后无错误出现。运行程序,输入测试数据。
运行出错情况:_____
_____
(2) 对程序中的数据输入及链表建立过程进行单步调试,以查找错误。
查找过程:_____
_____
_____
错误原因:_____
改正方法:_____
(3) 改正上述错误后,链表能够建立。再次运行程序。
运行结果:_____ 是否正确:_____
查找过程:_____
_____

错误原因：_____
改正方法：_____

3. 编程题

(1) 用结构体表示一个复数，编写实现复数的加法、乘法、输入和输出的函数。
- 加法规则：$(a+bi)+(c+di)=(a+c)+(b+d)i$
- 乘法规则：$(a+bi)\times(c+di)=(ac-bd)+(bc+ad)i$
- 输入规则：分别输入实部和虚部。
- 输出规则：如果 a 是实部，b 是虚部，输出格式为 a+bi

(2) 模拟一个用于时间的电子时钟。该时钟以时、分和秒的形式记录时间。编写 3 个函数：setTime 函数用于设置时钟的时间，increase 函数模拟时间过去了 1 秒，showTime 显示当前时间，显示格式为 HH：MM：SS。

(3) 班级通信录。通信录包含"姓名"（最多 20 个字符）、"生日"（包括"年"、"月"、"日"）、"电话号码"、"家庭地址"（最多 50 个字符）。定义一个嵌套的结构类型，输入 n(n<10)个学生信息，再按照他们的年龄从小到大的顺序输出。

程序运行示例：

Please input n(n<10)：*2*

Wangwu 1990 12 11 13901232222 No. 800 Dongchuan Road

Zhangsan 1993 1 23 18912337789 No. 238 Huasan Road

Zhangsan 1993/1/23 18912337789 No. 238 Huasan Road

Wangwu 1990/12/11 13901232222 No. 800 Dongchuan Road

(4) 输入若干个城市（最多 30 个字符，单独一个@字符为结束标志）以及该城市人口数量，按照城市人口数量建立一个按降序排序的单向链表，然后把人口数量最少的城市从链表中删除后输出。

程序运行示例：

Shanghai 2301

Changsha 704

Beijing 1961

Suzhou   1046

Haerbing 1063

@

Shanghai Beijing Haerbing Suzhou

(5) 定义一个学生成绩结构体类型，包含"学号"、"姓名"、"性别"、"年龄"、"班级"、"英语"、"数学"、"物理"、"总分"、"名次"等信息。利用学生成绩的结构类型，创建包含 10 个结点的无序链表。编写 5 个函数分别实现下述功能：

    a. 显示链表。

    b. 添加结点。

    c. 删除结点。

d. 计算每位学生的总分。
e. 按英语成绩从大到小排序。

〈提高题〉

(6) 计算机中的单词很多是缩写，如 GDB，它是全称 Gnu Debug 的缩写。但是，有时缩写对应的全称会不固定，如缩写 LINUX，可以理解为：

- LINus's UniX
- LINUs's miniX
- Linux Is Not UniX

给出一个单词缩写以及固定的全称（若干个单词组成，空格隔开）。全称中可能会有无效的单词，需要忽略掉，一个合法缩写要求每个有效单词中至少有一个字符出现在缩写中，缩写必须按照顺序出现在全称中。

对于给定的缩写和一个固定的全称，求出有多少种解释方法？解释方法为缩写的每个字母在全称每个有效单词中出现的位置，有一个字母位置不同，就认为是不同的解释方法。例如，单词缩写为"ACM"，全称为"academy of computer markers"，无用单词为"and"和"of"。有"Academy of Computer Markers"和"acAdemy of Computer Markers"两种解释方法。

编写一个程序，首先输入无用单词数量 n，接着依次输入 n 个无用单词；反复输入单词缩写和固定的全称（若干个单词组成，空格隔开），输出解释方法种数，直到用户输入"@"结束程序运行。

程序运行示例：

2

of

and

ACM academy of computer markers

2

RADAR radio detection and ranging

0

MMX multimedia extensions

1

OLE object linking and embedding

2

@

实验结果与分析

按照附录 B 的要求完成实验报告。

实验 12　模块化设计

实验目的

（1）理解自顶向下以及模块化设计的思想。
（2）掌握使用工程组织多个程序文件的方法。
（3）掌握程序设计的综合方法，能综合应用各种数据类型实现较复杂数据的存储。

实验内容

为了解决一个复杂问题，一个好的策略是将它分解为较简单的部分，将一个大程序分解为一组较小的函数。这称为自顶向下设计也称为逐步求精。具体地说，用自顶向下方法编程时，总是先写主程序，它是由根据系统功能划分成的功能子程序组成的。然后再分析子程序的需要，如果有必要就继续像主程序一样分解下去。当划分出来的子程序最终具有比较简单的功能时，就直接编码实现。当所有子程序都编码实现后，整个程序就实现了。本次实验将练习采用多个函数实现一个较复杂的问题——打印 1900 年后任意指定年份的日历，用如图 12.1 所示的格式显示每个月。

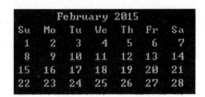

图 12.1　显示格式

1. 自顶向下设计

该程序看上去比较复杂，但是从顶部出发可以逐步分解，解决程序的基本功能。打印日历的基本需求可以分为：

（1）打印提示 GiveInstructions( )。
（2）获得用户输入需要打印日历的年份 year＝PromptAndGetYearFromUser ()。
（3）打印日历 PrintCalendar (year)。

根据上面分析，该程序的主函数框架就可以完成了。主函数在下面的 main.cpp 程序中已经给出。

对主函数中打印一年的日历 PrintCalendar (year)函数可以进一步细化，如果能解决打印每个月的日历则可以比较容易地实现打印一年的日历。因此你需要完成打印指定年和月的一个月的日历函数 PrintCalendarMonth(month, year)。

要完成打印指定年和月的一个月的日历函数还需要解决以下主要问题：

（1）获得一个月的天数。
（2）求得这个月的第一天是星期几。

(3) 将第一天缩排到准确的位置。

(4) 显示一个月的日历,一星期一行。

对每个问题可能都至少需要一个函数来解决。实现完整程序需要实现的函数及其功能说明在下面 calendar.h 程序中已经给出。

在打印日历时需要计算该年是否为闰年。判断闰年的方法是该年能被 4 整除并且不能被 100 整除,或者是可以被 400 整除。

计算和打印日历的起点是 1900 年。1900 年的 1 月 1 日是星期一,你需要用到该信息。

程序中对常数的定义,如星期和月份的表示已经在 calendar.h 中用 enum Weekday 和 enum Month 进行了定义。注意枚举元素的名字并不能直接打印出来。

本次实验涉及多个函数,因此建议在开发的过程中采用增量开发的方式,即每完成一个函数就进行测试,如判断闰年的函数,确定该函数正确再加入程序中,这样可以限制程序的错误范围,便于调试。

2. 程序结构

程序的具体结构如图 12.2 所示。

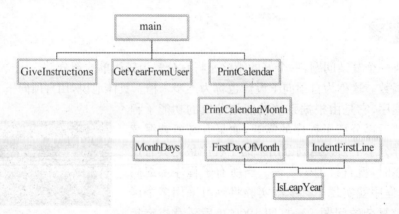

图 12.2 calendar 程序结构

3. 模块划分

当程序很复杂或由很多函数组成时,要在一个源文件中处理如此众多的函数十分困难,最好的方法就是把程序分成几个小的源文件。每个较小的源文件包含一组相关的函数。这些较小的源文件称为模块。

当面对一组函数时,如何把它们划分模块是一个问题。模块划分没有严格的规则,但有一个基本原则,即同一个模块中的函数功能较类似,联系较密切;不同模块中的函数联系很少。

一般来讲,每个模块有可能调用其他模块的函数,以及用到本模块自己定义的一些类型或符号常量。C++/C 语言把源程序中的符号常量定义、类型定义和函数原型声明写在一个头文件(.h 文件),让每个模块引用(include)这个头文件。

对于 calendar 程序,我们建立三个文件 main.cpp、calendar.cpp 和 calendar.h,如图 12.3 所示。main.cpp 只有 main 函数的实现;其他函数的实现都放在 calendar.cpp 中;除了 main 函数,其他函数的原型声明、类型定义等都放在 calendar.h 中。

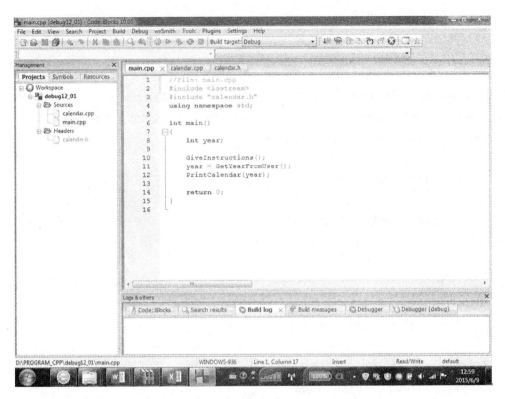

图 12.3 calendar 项目

4. 提供的程序清单

1) main. cpp

```
#include <iostream>
#include "calendar.h"
using namespace std;

int main()
{
    int year;

    GiveInstructions();
    year = GetYearFromUser();
    PrintCalendar(year);

    return 0;
}
```

2) calendar. h

```
#ifndef CALENDAR_H_INCLUDED
#define CALENDAR_H_INCLUDED
```

```cpp
#include <iostream>
#include <iomanip>
using namespace std;

enum Weekday{Sunday,Monday,Tuesday,Wednesday,Thursday,Friday,Saturday};
enum Month {January = 1, February, March, April, May, June, July, August,
September,October,November,December};

// Function prototypes
//
// Function:GiveInstructions
// Usage:GiveInstructions();
// -------------------------
// This procedure prints out instructions to the user.
//
void GiveInstructions(void);

//
// Function:GetYearFromUser
// Usage:year = GetYearFromUser();
// -------------------------------
// This function reads in a year from the user and returns
// that value.  If the user enters a year before 1900, the
// function gives the user another chance.
//
int GetYearFromUser(void);

//
// Function:PrintCalendar
// Usage:PrintCalendar(year);
// --------------------------
// This procedure prints a calendar for an entire year.
//
void PrintCalendar(int year);

//
// Function:PrintCalendarMonth
// Usage:PrintCalendarMonth(month, year);
// --------------------------------------
// This procedure prints a calendar for the given month
```

```
// and year.
//
void PrintCalendarMonth(int month, int year);

//
// Function:IndentFirstLine
// Usage:IndentFirstLine(weekday);
// --------------------------------
// This procedure indents the first line of the calendar
// by printing enough blank spaces to get to the position
// on the line corresponding to weekday.
//
void IndentFirstLine(int weekday);

//
// Function:MonthDays
// Usage:ndays=MonthDays(month, year);
// ------------------------------------
// MonthDays returns the number of days in the indicated
// month and year.  The year is required to handle leap years.
//
int MonthDays(int month, int year);

// Function:FirstDayOfMonth
// Usage:weekday=FirstDayOfMonth(month, year);
// -------------------------------------------
// This function returns the day of the week on which the
// indicated month begins.  This program simply counts
// forward from January 1, 1900, which was a Monday.
//
int FirstDayOfMonth(int month, int year);

//
// Function:MonthName
// Usage:name=MonthName(month);
// -----------------------------
// MonthName converts a numeric month in the range 1-12
// into the string name for that month.
//
char*MonthName(int month);
```

```
//
// Function:IsLeapYear
// Usage:if (IsLeapYear(year))...
// ---------------------------------
// This function returns TRUE if year is a leap year.
//
bool IsLeapYear(int year);

#endif // CALENDAR_H_INCLUDED
```
请在上述代码的基础上完成剩余的程序代码,程序运行结果如图12.4所示。

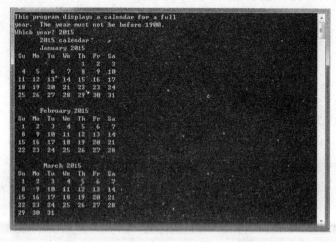

图12.4 calendar程序的运行示例

5. 编程题

(1) Logo 语言在个人计算机用户中非常流行,该语言形成了龟图的概念。假设有个机器海龟,通过C++程序控制在房子中移动。在两个方向之一打开画笔,即向上或向下。

画笔向下时,海龟跟踪移动的形状并留下移动的路径;画笔向上时,海龟自由移动,不写下任何东西。在这个问题中,要模拟海龟的操作和生成计算机化的草图框。

用20×20数组floor,初始化为0。跟踪任何时候海龟的当前位置和画笔的向上或向下状态。假设海龟总是从位置0,0开始,画笔向上。程序要处理的海龟命令如下:

命令	含义	命令	含义
1	笔向上	5,n	前进n格(n为正整数)
2	笔向下	6	打印20×20数组
3	右转	9	数据结束(标记)
4	左转		

假设海龟接近平面中心。下列"程序"绘制和打印12×12正方形并让画笔向上:

2
5,12
3
5,12
3
5,12
3
5,12
1
6
9

画笔向下并移动海龟时,将数组 floor 的相应元素设置为 1。指定命令 6(打印)时,只要数组元素值为 1,就显示星号或选择其他符号,而数组元素值为 0 则显示空白。编写一个程序,实现这里介绍的龟图功能。编写几个龟图程序,画一些有趣的图形。尝试增加其他命令以拓展龟图语言的功能。

(2) 设计一个学生成绩管理程序,实现对 n 个学生的 m 门课程的成绩的记录与统计工作。学生信息包括:学号、姓名、数学成绩、英语成绩、物理成绩。

程序基本功能要求如下:

a. 能够新增学生信息,并计算总分和平均分。
b. 能够分别根据学号和姓名查询该学生的基本信息。
c. 能够根据学号修改某个学生的信息。
d. 能够显示所有学生的成绩信息。
e. 能够分别按照学号和总分进行排序。

程序运行时,出现菜单,形式如下:

欢迎使用成绩管理系统!

1---添加学生信息

2---修改学生信息

3---显示全部学生信息

4---按学号查询学生信息

5---按姓名查询学生信息

6---按学号升序排序

7---按总分降序排序

0---退出

(3) 设计一个运动会比赛得分管理程序。参加运动会的 n 个单位编号为 1~n,比赛分成 m 个男子项目和 w 个女子项目,项目编号分别为 1~m 和 m+1~m+w。由于每个项目参加人数差别较大,有些项目取前五名,第一位到第五位得分依次为 7,5,3,2,1;还有些项目只取前三名,第一位到第三位得分依次为 5,3,2。写一个程序产生各种成绩单和得分报表。

具体要求如下:

允许用户指定各种项目采取的名次取法;产生各单位的成绩单,包括各单位所取得的每项成绩的项目号、名次、姓名和得分;产生各单位的总分报表,包括单位编号、单位名称、男子运动员总分、女子运动员总分和单位总分。

实验结果与分析

对于本实验中的编程题目,实验报告要求如下:

需求分析:说明题目内容及基本要求。

概要设计:功能模块划分以及模块之间的调用关系。

数据结构的设计:程序中数据类型说明以及关键变量的定义。

详细设计:各功能模块的实现算法,函数之间调用关系图。

用户手册:用户使用手册。

测试分析:测试用例以及测试结果。

总结:主要介绍程序的完成情况,重点、难点以及解决方法,有待改进之处,以及有何收获、体会等。

附录:源程序清单。

实验 13　类的定义与使用

实验目的

（1）掌握类、对象的基本概念。
（2）理解类中成员的访问权限，正确理解类与结构体的异同。
（3）掌握类的定义、对象的声明与使用方法。
（4）掌握类的构造、析构、拷贝构造函数的定义与使用方法。
（5）理解 this 指针的用途。
（6）掌握静态数据成员和静态成员函数的特性。

实验内容

1. 编程示例

生成一个 IntegerSet 类。IntegerSet 类的每个对象可以用于表示保存 0～100 之间的整数值。一个集合内部实际设计一个一维数组 intSet,其元素值为 0 或 1。数组元素 intSet [i]为 1 表示整数 i 在集合中,数组元素 intSet [j]为 0 表示整数 j 不在集合中。要求至少实现如下成员函数：

（1）默认构造函数：将集合初始化为"空集"，即所有元素都是 0。
（2）一般构造函数：利用已有整型数组的值初始化集合。
（3）并集运算 unionOfIntegerSets 成员函数：生成两个集合的并集（即只要其中一个集合的某个元素为 1,则并集的对应元素为 1；如果两个集合的某个元素值均为 0,则并集的对应元素为 0）。
（4）交集运算 intersectionOfIntegerSets 成员函数：生成两个现有集合的交集（即只要其中一个集合的某个元素为 0,则交集的对应元素为 0；如果两个集合的某个元素均为 1,则交集的对应元素为 1）。
（5）插入元素 insertElement 成员函数：在集合中插入新整数 k(将 intSet [k]设置为 1)。
（6）删除元素 deleteElement 成员函数：从集合中删除整数 k(将 intSet [k]设置为 0)。
（7）输出 print 成员函数：按从小到大的顺序打印出集合表示的值,值之间以空格分隔只打印集合中存在的整数（即对应值为 1 的位置）。空集则打印－－－。
（8）相等判断 isEqual 成员函数：确定两个集合是否相等。

IntegerSet 类的定义与实现如代码清单 13.1 和代码清单 13.2 所示。
IntegerSet 类头文件：

代码清单 13.1　IntegerSet 类的定义

```cpp
1   //File: IntegerSet.h
2   #ifndef INTEGERSET_H_INCLUDED
3   # define INTEGERSET_H_INCLUDED
4   #include <iostream>
5   using namespace std;
6
7   class IntegerSet
8   {
9   private:
10      static const int MAX = 100;    //集合元素取值范围[0 - MAX]
11      int intSet[MAX + 1];
12  public:
13      IntegerSet();    //默认构造函数
14      IntegerSet(int [],int);        //利用已有数组初始化集合
15      IntegerSet unionOfIntegerSets(const IntegerSet&);    //并集运算
16      IntegerSet intersectionOfIntegerSets(const IntegerSet&);
                                                             //交集运算
17      int insertElement(int); //添加一个元素
18      int deleteElement(int); //删除一个元素
19      bool isEqual(const IntegerSet&);    //判断两个集合是否相等
20      void print();    //输出函数
21  };
22
23  #endif // INTEGERSET_H_INCLUDED
```

IntegerSet 类实现文件：

代码清单 13.2　IntegerSet 类的实现

```cpp
1   //File: IntegerSet.cpp
2   #include "IntegerSet.h"
3
4   //默认构造函数
5   IntegerSet::IntegerSet()
6   {
7       for(int i = 0; i <= MAX; i++)
8           intSet[i] = 0;
9   }
10
11  //利用elements数组的内容初始化集合
```

```cpp
12  IntegerSet::IntegerSet(int elements[],int n)
13  {
14      for(int i = 0; i <= MAX; i++)
15          intSet[i] = 0;
16      for(int i = 0; (i<n) && (i <= MAX); i++)
17          intSet[elements[i]] = 1;
18  }
19
20  //并集运算
21  IntegerSet IntegerSet::unionOfIntegerSets(const IntegerSet &rSet)
22  {
23      IntegerSet uSet;
24      for(int i = 0; i <= MAX; i++)
25      {
26          if(intSet[i] == 1 || rSet.intSet[i] == 1)
27              uSet.intSet[i] = 1;
28      }
29      return uSet;
30  }
31
32  //交集运算
33  IntegerSet IntegerSet::intersectionOfIntegerSets(const IntegerSet &rSet)
34  {
35      IntegerSet iSet;
36      for(int i = 0; i <= MAX; i++)
37      {
38          if(intSet[i] == 1 && rSet.intSet[i] == 1)
39              iSet.intSet[i] = 1;
40          else
41              iSet.intSet[i] = 0;
42      }
43      return iSet;
44  }
45
46  //插入特定整数
47  int IntegerSet::insertElement(int element)
48  {
49      if((element < 0) || (element > MAX))   //不属于集合规定的数值范围
50          return 1;
51      if(intSet[element] == 1)    //该元素已经在集合中
```

```cpp
52          return 2;
53      intSet[element] = 1;    //添加成功
54
55      return 0;
56  }
57
58  //删除集合中元素
59  int IntegerSet::deleteElement(int element)
60  {
61      if((element < 0) || (element > MAX))  //不属于集合规定的数值范围
62          return 1;
63      if(intSet[element] == 0)   //该元素不在集合中
64          return 2;
65      intSet[element] = 0;    //删除成功
66
67      return 0;
68  }
69
70  //判断两个集合是否相等
71  bool IntegerSet::isEqual(const IntegerSet &rSet)
72  {
73      for(int i = 0; i <= MAX; i++)
74      {
75          if(intSet[i] != rSet.intSet[i])
76              return false;
77      }
78      return true;
79  }
80
81  //输出
82  void IntegerSet::print()
83  {
84      bool isEmpty = true;
85      for(int i = 0; i <= MAX; i++)
86      {
87          if(intSet[i] == 1)
88          {
89              cout << i << ' ';
90              isEmpty = false;
91          }
```

```cpp
92          }
93
94      if(isEmpty)      //集合为空
95          cout << "---";
96  }
```

编写一个驱动程序,测试 IntegerSet 类。实例化几个 IntegerSet 对象,测试所有成员函数能否正确工作,具体程序如代码清单 13.3 所示。

测试文件:

代码清单 13.3   测试文件

```cpp
1   //File: main.cpp
2   #include <iostream>
3   #include "IntegerSet.h"
4   using namespace std;
5
6   int main()
7   {
8       IntegerSet set1;   //创建一个空集合
9       cout << "set1:";
10      set1.print();
11      cout << endl;
12
13      int elements[] = {8,4,9,77,6,99};
14      IntegerSet set2(elements,6);
15      cout << "set2:";
16      set2.print();
17      cout << endl;
18
19      int num,status;
20      cout << "\n输入插入 set1 中的元素值:";
21      cin >> num;
22      status = set1.insertElement(num);   //插入元素
23      if(status == 1)
24          cout << num << "不属于集合规定的数值范围" << endl;
25      else if(status == 2)
26          cout << num << "已经在集合中" << endl;
27      else
28          cout << num << "插入成功" << endl;
29      cout << "set1:";
```

```
30      set1.print();
31      cout << endl;
32
33      IntegerSet set3;
34      set3 = set1.unionOfIntegerSets(set2);    //并集运算
35      cout << "\nset1 与 set2 的并集:";
36      set3.print();
37      cout << endl;
38
39      IntegerSet set4;
40      set4 = set1.intersectionOfIntegerSets(set2);  //交集运算
41      cout << "\nset1 与 set2 的交集:";
42      set4.print();
43      cout << endl;
44
45      cout << "\n 输入准备删除 set2 中的元素值:";
46      cin >> num;
47      status = set2.deleteElement(num);   //删除元素
48      if(status == 1)
49          cout << num << "不属于集合规定的数值范围" << endl;
50      else if(status == 2)
51          cout << num << "不在集合中" << endl;
52      else
53          cout << num << "删除成功" << endl;
54      cout << "set2:";
55      set2.print();
56      cout << endl;
57
58      return 0;
59  }
```

2. 调试示例

下面程序目的是定义一个描述通讯录的类,数据成员包括:姓名、单位、电话号码和邮政编码;成员函数包括:输出各个数据成员的值;分别设置和获取各个数据成员的值。

代码清单 13.4 是有错的源程序(debug13_02.cpp)。

代码清单 13.4 通讯录(有错的程序)

```
1  //File: debug13_02.cpp
2  #include <iostream>
3  #include <cstring>
```

```cpp
4   using namespace std;
5
6   class AddrBook{
7       char  *pName;                          //姓名
8       char  *pDept;                          //单位
9       char  *pTel;                           //电话号码
10      char  PostCode[7];                     //邮政编码
11
12      AddrBook();
13      AddrBook(const char *,const char *,const char *,const char *);
14      void cleanup();
15      void  setName(const char *name)
16      {
17          if(pName) delete []pName;          //释放原有存储空间
18          pName = new char[strlen(name) + 1];  //申请新存储空间
19          strcpy(pName,name);
20      }
21      void setDept(const char *unit)         //设置单位名称
22      {
23          if(pDept) delete []pDept;
24          pDept = new char[strlen(unit) + 1];
25          strcpy(pDept,unit);
26      }
27      void setTel(const char *tel)           //设置电话号码
28      {
29          if(pTel) delete []pTel;
30          pTel = new char[strlen(tel) + 1];
31          strcpy(pTel,tel);
32      }
33      void setPostCode(const char *mailnum)  //设置邮政编码
34      {
35          strcpy(PostCode,mailnum);
36      }
37      char *getName()                        //获取姓名信息
38      {
39          return pName;
40      }
41      char *getDept()                        //获取单位信息
42      {
43          return pDept;
```

```cpp
44          }
45          char *getNum()                      //获取电话号码
46          {
47              return pTel;
48          }
49          char *getPostCode()                 //获取邮政编码
50          {
51              return PostCode;
52          }
53          void display();                     //输出数据成员
54      };
55
56      AddrBook::AddrBook()                    //缺省的构造函数
57      {
58          pName = pDept = pTel = NULL;
59          PostCode[0] = '\0';
60      }
61
62      AddrBook::AddrBook(const char *name,const char *unit,const char *tel,const char *zip)
63      {           //重载构造函数
64          pName = new   char [strlen(name) + 1];
65          strcpy(pName,name);
66          pDept = new   char [strlen(unit) + 1];
67          strcpy(pDept,unit);
68          pTel = new   char [strlen(tel) + 1];
69          strcpy(pTel,tel);
70          strcpy(PostCode,zip);
71      }
72
73      void AddrBook::cleanup()                //释放数据成员占用的空间
74      {
75          if(pName) delete []pName;
76          if(pDept) delete []pDept;
77          if(pTel)  delete []pTel;
78      }
79
80      void AddrBook::display()
81      {
82          cout << "姓名:" << pName << '\t';
```

```
83        cout << "单位:" << pDept << '\t';
84        cout << "电话号码:" << pTel << '\t';
85        cout << "邮政编码:" << PostCode << '\n';
86    }
87
88    int main()
89    {
90        AddrBook   s1;
91        s1.setName("王明明");
92        cout << s1.getName() << "\n";
93        s1.setDept("上海交通大学");
94        cout << s1.getDept() << "\n";
95        s1.setTel("021-65982200");
96        cout << s1.getNum() << "\n";
97        s1.setPostCode("200092");
98        cout << s1.getPostCode() << "\n";
99        s1.display();
100       s1.cleanup();
101
102       AddrBook   s2("李明","上海交通大学","021-34201234","200240");
103       s2.display();
104       s2.cleanup();
105
106       return 0;
107   }
```

---

(1) 对程序进行编译后共有_____errors,_____warnings。请写出下面错误信息的中文含义并分析原因。

error:'AddrBook::AddrBook()' is private

中文含义:_____

错误原因:_____

(2) 将 class 改为 struct,重新编译程序,共有_____errors,_____warnings。为什么?_____
_____

(3) 把 struct 重新改回为 class,给出错误修改方案。
_____

(4) 将成员函数 cleanup 改为析构函数。
_____
_____
_____

3. 改错题

在一个货运系统中，必须保存每件货物的重量信息以及所有货物的总重量。设计一个类，实现上述功能。代码清单13.5、代码清单13.6 和代码清单13.7 是有错的源程序，请进行改正。

Goods 类的定义：

代码清单 13.5 Goods 类的定义（有错的程序）

```
1   //File: goods.h
2   #ifndef GOODS_H_INCLUDED
3   #define GOODS_H_INCLUDED
4
5   class Goods
6   {
7       int weight;
8       int total_weight;
9   public:
10      Goods(int w);                //构造函数
11      ~Goods();                    //析构函数
12      int getWeight() const;       //获取货物重量
13      static int totalWeight();    //获取所有货物重量
14  };
15
16  #endif // GOODS_H_INCLUDED
```

Goods 类的实现：

代码清单 13.6 Goods 类的实现（有错的程序）

```
1   //File: goods.cpp
2   #include "goods.h"
3
4   int Goods::total_weight = 0;     //静态成员初始化
5
6   Goods::Goods(int w)              //构造函数
7   {
8       weight = w;
9       total_weight += w;
10  }
11
```

```
12   Goods::~Goods()                              //析构函数
13   {
14       total_weight -= weight;                  //调试时设置断点
15   }
16
17   int Goods::getWeight()                       //获取货物重量
18   {
19       return weight;
20   }
21
22   static int Goods::totalWeight()  //获取货物总重量
23   {
24       return total_weight;
25   }
```

测试程序 main.cpp 的内容：

代码清单 13.7　测试文件（有错的程序）

```
1    //File: main.cpp
2    #include <iostream>
3    #include "goods.h"
4
5    using namespace std;
6
7    void display(Goods g)
8    {
9        cout << "货物重量:" << g.getWeight() << '\t'      //调试时设置断点
10           << "货物总重量:" << g.totalWeight() << endl;
11   }
12
13   int main()
14   {
15       Goods g1(8),g2(80),g3(200);
16
17       display(g1);
18
19       cout << "货物总重量:" << Goods::totalWeight() << endl;   //调试时设置断点
20
21       return 0;
22   }
```

(1) 首先创建一个项目 debug13_03,项目中包含上述三个源程序(goods.h,goods.cpp 和 main.cpp);编译程序后共有_____errors,_____warnings。请列出各种错误信息以及相应的中文含义,并分析原因。

错误信息:_____
中文含义:_____
错误原因:_____
修改方法:_____

错误信息:_____
中文含义:_____
错误原因:_____
修改方法:_____

错误信息:_____
中文含义:_____
错误原因:_____
修改方法:_____

错误信息:_____
中文含义:_____
错误原因:_____
修改方法:_____

错误信息:_____
中文含义:_____
错误原因:_____
修改方法:_____

错误信息:_____
中文含义:_____
错误原因:_____
修改方法:_____

(2) 修改错误后,对程序进行编译连接,查看是否还有错误。如果有错误,继续修改。确认无编译错误后,运行程序,运行窗口显示内容:
_____
_____

(3) 按照源程序注释要求设置三个断点,利用以前介绍过的调试方法发现错误,并进行修改,指出错误的位置并给出正确语句。

错误行号:_____
错误原因:_____

修改方法：_____

4. 编程题

（1）编写一个程序，定义一个时间类 Time，能提供和设置由时、分、秒组成的时间，定义时间对象，设置时间，输出该对象提供的时间。

（2）编写一个程序，定义一个 CPU 类，包含等级（rank）、频率（frequency）、电压（voltage）等属性，有两个公有成员函数 run、stop。其中，rank 为枚举类型 CPU_Rank，定义为 enum CPU_Rank {P1＝1, P2, P3, P4, P5, P6, P7}，frequency 为单位是 MHz 的整型数，voltage 为浮点型电压值。要求包括：构造函数和析构函数。

（3）编写一个程序，定义一个圆的类 Circle，包括三个属性：圆心（x, y）和半径 r。成员函数包括：圆心位置获取函数 getO、半径获取函数 getR、半径设置函数 setR、圆的位置移动函数 moveTo(dx, dy)以及圆的信息打印函数 display 等。

（4）编写一个程序，定义一个可以处理任意大的正整数类 LongLongInt，用一个动态的字符数组存放任意长度的正整数，数组的每个元素存放整型数的一位。成员函数包括：构造函数（根据一个由数字组成的字符串创建一个 LongLongInt 类的对象）、拷贝构造函数、加法函数 add、输出函数 display。

（5）编写一个程序，定义一个银行系统的账户类 SavingAccount。每个账户包含的信息有账号、存入日期、存款金额和月利率。要求账号自动生成，第一个生成的对象账号为 1，第二个生成的对象账号为 2，依次类推。所需的操作包括修改月利率、每月计算新的存款额（原存款额＋本月利息）和显示账户金额。

〈提高题〉

（6）编写一个程序，定义一个栈表类 Stack，用一个动态整型数组存放栈的数据。成员变量包括三个属性：指向栈表的指针、栈的大小和栈顶指针。成员函数包括：构造函数（缺省的栈表大小为 100）、拷贝构造函数、析构函数、判断栈是否满函数 isEmpty、入栈函数 Push、出栈函数 Pop、输出函数 display。

（7）为学校的教师提供一个工具，使教师可以管理自己所教班级的信息。教师所需了解和处理的信息包括：课程名、上课时间、上课地点、学生名单、学生人数、期中考试成绩、期末考试成绩和平时的课堂练习成绩。每位教师可自行规定课堂练习次数的上限。考试结束后，该工具可为教师提供成绩分析，统计最高分、最低分、平均分及"优、良、中、差"的人数。

实验结果与分析

按照附录 B 的要求完成实验报告。

实验 14 运算符重载

实验目的

(1) 掌握友元函数的定义方法。
(2) 掌握用友元函数重载运算符的方法。
(3) 掌握用成员函数重载运算符的方法。
(4) 掌握内置类型到类类型的转换方法。
(5) 掌握类类型到其他类型的转换方法。

实验内容

1. 调试示例

下面程序目的是定义一个复数类，通过重载运算符：+，*和<<，实现两个复数之间的加法、乘法运算和输出操作。

代码清单 14.1、代码清单 14.2 和代码清单 14.3 是有错的源程序：

Complex 类的定义：

代码清单 14.1 Complex 类的定义（有错的程序）

```
1    //File: complex.h
2    #ifndef COMPLEX_H
3    #define COMPLEX_H
4    #include <iostream>
5    using namespace std;
6
7    class Complex
8    {
9        friend ostream &operator << (ostream &,const Complex &);
10       friend Complex operator+(const Complex &,const Complex &);
11   private:
12       double real;
13       double image;
14   public:
```

```
15      Complex(double r = 0.0,double i = 0.0);
16      Complex operator *(const Complex &,const Complex &);
17  };
18
19  #endif//COMPLEX_H
```

Complex 类的实现：

代码清单 14.2 Complex 类的实现（有错的程序）

```
1   //File：complex.cpp
2   #include "complex.h"
3
4   Complex::Complex(double r,double i)
5   {
6       real = r;
7       image = i;
8   }
9
10  Complex Complex::operator*(const Complex &c1,const Complex &c2)
11  {
12      Complex t;
13      t.real = c1.real * c2.real - c1.image * c2.image;
14      t.image = c1.image * c2.real + c1.real * c2.image;
15      return t;
16  }
17
18  Complex operator+(const Complex &c1,const Complex &c2)
19  {
20      Complex t;
21      t.real = c1.real * c2.real;
22      t.image = c1.image + c2.image;
23      return t;
24  }
25
26  ostream &operator << (ostream &os,const Complex &obj)
27  {
28      os << "Real =" << obj.real << '\t' << "Image =" << obj.image;
29      return os;
30  }
```

测试程序：

代码清单14.3　测试文件(有错的程序)

```
1    //File: main.cpp
2    #include <iostream>
3    #include "complex.h"
4    using namespace std;
5
6    int main()
7    {
8        Complex c1(1.1,2.2),c2(3.3,4.4);
9        cout << c1 << endl;
10       cout << c2 << endl;
11       cout << c1 + c2 << endl;
12       cout << c1 * c2 << endl;
13
14       return 0;
15   }
```

(1) 首先创建一个项目debug14_01,项目中包含上述三个源程序(complex.h, complex.cpp 和 main.cpp);编译程序后共有_____ errors, _____ warnings。请列出第一个错误信息以及相应的中文含义,并分析原因。

错误信息:_____
中文含义:_____
错误原因:_____
修改方法:_____

(2) 输出运输符(<<)能否重载为成员函数？为什么？
_____
_____

(3) 增加一个实数与一个复数的加法(实数为左操作数,复数为右操作数)运算符重载函数:
_____
_____
_____
_____
_____
_____
_____
_____

(4) 增加一个复数与一个实数的加法(复数为左操作数,实数为右操作数)运算符重载函数：
_____
_____
_____
_____
_____
_____
_____

2. 改错题

设计一个有理数类 Rational，该类能提供有理数的加法运算以及转换成 double 的类型转换函数。代码清单 14.4、代码清单 14.5 和代码清单 14.6 是有错的源程序，请进行改正。

Rational 类的定义：

代码清单 14.4 Rational 类的定义（有错的程序）

```
1   //File: rational.h
2   #ifndef RATIONAL_H
3   #define RATIONAL_H
4   #include <iostream>
5   using namespace std;
6
7   class Rational
8   {
9       friend ostream &operator << (ostream &os,const Rational &obj);
10      friend Rational operator+(const Rational &left,const Rational &right);
11  private:
12      int num;
13      int den;
14
15      void ReductFraction();
16  public:
17      Rational(int n = 0,int d = 1);
18      ~Rational();
19      operator double() const;
20  };
21
22  #endif//RATIONAL_H
```

Rational 类的实现：

代码清单 14.5 Rational 类的实现(有错的程序)

```cpp
1   //File: rational.cpp
2   #include "rational.h"
3
4   Rational::Rational(int n,int d)
5   {
6       num = n;
7       den = d;
8   }
9
10  Rational::~Rational()
11  {
12
13  }
14
15  void Rational::ReductFraction()
16  {
17      int tmp = (num > den) ? den : num;
18      for(; tmp > 1; --tmp)
19      {
20          if(((num % tmp) == 0) && ((den % tmp) == 0))
21          {
22              num /= tmp;
23              den /= tmp;
24              break;
25          }
26      }
27  }
28
29  Rational::operator double() const
30  {
31      return (double)(num) / den;
32  }
33
34  ostream&operator << (ostream &os,const Rational &obj)
35  {
36      os << obj.num << '/' << obj.den;
37
38      return os;
```

```
39   }
40
41   Rational operator+(const Rational &left,const Rational &right)
42   {
43       Rational tmp;
44       tmp.num = left.num * right.den + right.num * left.den;
45       tmp.den = left.den * right.den;
46       tmp.ReductFraction();
47
48       return tmp;
49   }
```

测试程序：

代码清单 14.6 测试程序（有错的程序）

```
1    //File: main.cpp
2    #include <iostream>
3    #include "rational.h"
4    using namespace std;
5
6    int main()
7    {
8        Rational r1(1,2),r2(3,4);
9        Rational r3 = r1 + r2;
10       cout << r1 << "+" << r2 << "=" << r3 << endl;
11
12       double d = 5.5 + r1;
13       cout << "5.5 +" << r1 << "=" << d << endl;
14
15       return 0;
16   }
```

首先创建一个项目 debug14_02，项目中包含上述三个源程序（rational.h，rational.cpp 和 main.cpp）；编译程序后共有_____errors,_____warnings。请列出所有的错误信息以及相应的中文含义，并分析原因。

错误信息：_____
_____
_____
_____
_____

中文含义：_____
_____
_____
_____

错误原因：_____
_____
_____
_____

修改方法：_____
_____
_____
_____

3. 编程题

(1) 编写一个程序，定义一个三维空间的点类型 Point，包含三个属性：x，y 和 z。通过运算符重载实现单运算符(-)以及输入/输出(>>和<<)。

```
Point p1,p2;
cin >> p1;      //输入 1 2 3,则 p1 的 x,y,z 的值依次为 1,2,3
p2 = -p1;       //p2 的 x,y,z 的值依次为-1,-2,-3
cout << p2;     //输出格式为:(-1,-2,-3)
```

(2) 编写一个程序，定义一个时间类 Time，包含三个属性：hour，minute 和 second。通过运算符重载实现时间增加/减少若干秒(+=和-=)、时间增加/减少 1 秒(++和--)、计算两个时间相差的秒数(-)以及输出 Time 类对象的值(<<)，输出格式为"时：分：秒"。

(3) 用运算符重载完善实验 13 编程题第(4)题中的 LongLongInt，重载=、+、<<。

(4) 定义一个向量(一维整型数组)类 Vector，通过重载运算符实现向量的输入/输出(>>和<<)、两个向量的加法/减法/点积操作(+、-和*)。

(5) 编写一个程序，定义一个处理字符串的类 String，用动态的字符数组保存一个字符串。通过运算符重载实现字符串赋值(=)、字符串连接(+和+=)、字符串比较(>、>=、<、<=、!=和==)以及字符串的输入输出(>>和<<)。

〈提高题〉

(6) 编写一个程序，定义一个安全、动态二维 double 型的数组类 Matrix。可以通过 Matrix table(4,5)定义一个 4 行 5 列的二维数组；通过 table(i,j)访问 table 的第 i 行第 j 列的元素。例如，table(0,1)=5; table(2,3)=table(0,1)+4;行号和列号从 0 开始。

(7) 给定一个素数 p，元素个数为 p 的有限域 GF(p)定义为整数$\{0,1,\cdots,p-1\}$的集合 Z_p，其运算为模 p 的算术运算。最简单的有限域是 GF(2)，它的加法运算可以简单地描述如下：

+	0	1
0	0	1
1	1	0

加法

$(0+0) \bmod 2=0$；　$(0+1) \bmod 2=1$；　$(1+0) \bmod 2=1$；$(1+1) \bmod 2=0$

在 GF(2) 中的一元多项式系数只能是 0 或者 1，多项式系数的算法是模 2 的多项式运算，如图 14.1 所示。

$$
\begin{array}{c}
x^7 \quad + x^5 + x^4 + x^3 \quad + x^1 + 1 \\
+ (x^4 \quad + x^2 + x^1\ ) \\
\hline
x^7 \quad + x^5 \quad + x^3 + x^2 \quad + 1
\end{array}
$$

图 14.1　GF(2) 上的一元多项式加法运算的例子

编写一个程序，定义一个 Polynome 类，使其至少具备下列功能：
- 重载运算符'>>'：用来读取多项式。
- 重载运算符'+'：实现两个一元多项式在 GF(2) 有限域中的加法运算。
- 重载运算符'<<'：用来输出多项式。输出格式如下：
  ➢ 多项式中自变量为 x，从左到右按照次数递减顺序给出多项式。
  ➢ 多项式中只包含系数不为 0 的项。
  ➢ 如果 x 的指数大于 1，则接下来紧跟的指数部分的形式为"x^b"，其中 b 为 x 的指数；如果 x 的指数为 1，则接下来紧跟的指数部分形式为"x"；如果 x 的指数为 0，则仅需输出 1 即可。
  ➢ 对于特殊单项式 0，则输出 0。

例如：多项式为 $x^7+x^3+x^2+x^1+x^0$，则输出 x^7+x^3+x^2+x+1。

实验结果与分析

按照附录 B 的要求完成实验报告。

实验 15　组合与继承

实验目的

(1) 学习定义和使用类的组合/继承关系。
(2) 掌握类派生,类的成员访问权限,派生类中构造和析构的次序。
(3) 熟悉不同继承方式下对基类成员的访问控制。
(4) 掌握利用虚函数实现动态多态性的方法。
(5) 理解纯虚函数和抽象类的概念。
(6) 掌握定义虚基类的方法。
(7) 学习利用虚基类解决二义性问题。

实验内容

1. 编程示例

目标:利用多态性设计一个公司雇员工资发放系统。

对于一个公司的雇员来说,可以简单分为三类:普通雇员、管理人员和主管。这些雇员有共同的属性:工号、姓名,也有一些共同的操作:数据成员初始化、读雇员的数据成员及计算雇员的工资。但是,他们也有不同。例如,普通雇员:按工作的小时数领取工资;管理人员:不管一个月工作多长时间,领取固定的月薪;主管:除有管理人员的共同特征外,还有额外的津贴。

我们很容易想到使用类继承来实现这个问题:抽象类 Employee 表示总体意义下的雇员。普通雇员类 GeneralStaff 和管理人员类 Manager 直接从 Employee 类中直接派生,而主管人员类 Supervisor 又从管理人员类直接派生。他们之间的关系如图 15.1 所示。

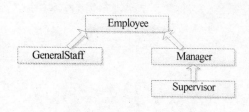

图 15.1　雇员类层次结构

抽象基类 Employee 声明了类层次结构的"接口",即程序可以对所有的 Employee 类对象调用的一组成员函数集合。每个雇员,不管他的工资计算方法如何,都有工号和姓名,因此在抽象基类 Employee 中含有 private 数据成员 empId 和 name。除了包含操纵 Employee 类的数据成员的各种获取和设置函数之外,还提供成员函数 earnings 和 print。earnings 函数应用于所有的雇员,但是每项收入的计算取决于雇员的类型,所有我们在基类 Employee 中把 earnings 函数声明为纯虚函数,因为这个函数默认的一种实现是没有任何意义的,没有足够的信息决定应该返回的收入是多少。每个派生类都用合适的实现来重载 earnings 函数。Employee 类的 print 函数显示雇员的工号和姓名,每个派生类重新定义 print 函数,输出雇员的其他信息。具体实现如代码清单 15.1~代码清单 15.9 所示。

Employee 类的定义:

代码清单 15.1 Employee 类的定义

```
1   //File: employee.h
2   #ifndef EMPLOYEE_H
3   # define EMPLOYEE_H
4
5   #include <iostream>
6   #include <cstring>
7   using namespace std;
8
9   class Employee
10  {
11  private:
12      char empId[10];
13      char name[30];
14  public:
15      Employee(const char *="",const char *="");
16
17      void setEmpId(const char *);   // set empid
18      const char *getEmpId() const;// return empid
19
20      void setName(const char *);   // set name
21      const char *getName() const;   // return name
22
23      virtual double earnings() const = 0;//pure virtual
24      virtual void print() const;// virtual
25  };
26
27  #endif//EMPLOYEE_H
```

Employee 类的实现:

代码清单 15.2 Employee 类的实现

```
1   //File: employee.cpp
2   #include "employee.h"
3
```

```cpp
4    using namespace std;
5
6    Employee::Employee(const char *id,const char *nm)
7    {
8        strcpy(empId,id);
9        strcpy(name,nm);
10   }
11
12   void Employee::setEmpId(const char *id)
13   {
14       strcpy(empId,id);
15   }
16
17   const char *Employee::getEmpId() const
18   {
19       return empId;
20   }
21
22   void Employee::setName(const char *nm)
23   {
24       strcpy(name,nm);
25   }
26
27   const char *Employee::getName() const
28   {
29       return name;
30   }
31
32   void Employee::print() const
33   {
34       cout << "EmpId:" << getEmpId() << " Name:" << getName();
35   }
```

GeneralStaff 类的定义：

代码清单 15.3 GeneralStaff 类的定义

```cpp
1    //File: generalstaff.h
2    #ifndef GENERALSTAFF_H
3    #define GENERALSTAFF_H
4
```

```
5    #include "employee.h"
6
7    class GeneralStaff:public Employee
8    {
9    private:
10       double hourlyWage;    // wage per hour
11       double monthlyHours;// hours worked for month
12   public:
13       GeneralStaff(const char *="",const char *="",double = 0.0,
                     double = 0.0);
14
15       void setHourlyWage(double = 0.0);    // set hourly wage
16       double getHourlyWage() const; //return hourly wage
17
18       void setMonthlyHours(double = 0.0);    // set hours worked
19       double getMonthlyHours() const;        // return hours worked
20
21       virtual double earnings() const; // calculate earnings
22       virtual void print() const; // print GeneralStaff object
23   };
24
25   #endif // GENERALSTAFF_H
```

GeneralStaff 类的实现：

代码清单 15.4　GeneralStaff 类的实现

```
1    #include "generalstaff.h"
2
3    GeneralStaff::GeneralStaff(const char *id,const char *nm,
4                              double wage,double hours)
5        :Employee(id,nm)
6    {
7        setHourlyWage(wage);
8        setMonthlyHours(hours);
9    }
10
11   void GeneralStaff::setHourlyWage(double wage)    //set hourly wage
12   {
13       hourlyWage = (wage < 0.0 ? 0.0 : wage);
14   }
```

```cpp
15
16  double GeneralStaff::getHourlyWage() const //return hourly wage
17  {
18      return hourlyWage;
19  }
20
21  void GeneralStaff::setMonthlyHours(double hours)   // set hours worked
22  {
23      monthlyHours = (hours < 0.0 ? 0.0 : hours);
24  }
25
26  double GeneralStaff::getMonthlyHours() const   // return hours worked
27  {
28      return monthlyHours;
29  }
30
31  double GeneralStaff::earnings() const // calculate earnings
32  {
33      return getHourlyWage()*getMonthlyHours();
34  }
35
36  void GeneralStaff::print() const // print GeneralStaff object
37  {
38      Employee::print();
39      cout << "Earnings:" << earnings();
40  }
```

Manager 类的定义：

代码清单 15.5　Manager 类的定义

```cpp
1   //File: manager.h
2   #ifndef MANAGER_H
3   #define MANAGER_H
4
5   #include "employee.h"
6
7   class Manager:public Employee
8   {
9   private:
10      double monthlySalary;   // salary per month
```

```
11  public:
12      Manager(const char *="",const char *="",double=0.0);
13
14      void setmonthlySalary(double = 0.0);   // set monthly salary
15      ouble getmonthlySalary() const;//return monthly salary
16
17      irtual double earnings() const;// calculate earnings
18      irtual void print() const;// print Manager object
19  };
20
21  #endif // MANAGER_H
```

Manager 类的实现：

代码清单 15.6 Manager 类的实现

```
1   //File: manager.cpp
2   #include "manager.h"
3
4   Manager::Manager(const char *id,const char *nm,double salary)
5       :Employee(id,nm)
6   {
7       setmonthlySalary(salary);
8   }
9
10  void Manager::setmonthlySalary(double salary)   // set monthly salary
11  {
12      monthlySalary = (salary < 0.0 ? 0.0 : salary);
13  }
14
15  double Manager::getmonthlySalary() const//return monthly salary
16  {
17      return monthlySalary;
18  }
19
20  double Manager::earnings() const//calculate earnings
21  {
22      return getmonthlySalary();
23  }
24  void Manager::print() const//print Manager object
25  {
```

```
26        Employee::print();
27        cout << "Salary:" << earnings();
28    }
```

Supervisor 类的定义:

代码清单 15.7 Supervisor 类的定义

```
1    //File: supervisor.h
2    #ifndef SUPERVISOR_H
3    #define SUPERVISOR_H
4
5    #include "manager.h"
6
7    class Supervisor:public Manager
8    {
9    private:
10       double bonus;
11   public:
12       Supervisor(const char *="",const char *="",double = 0.0,double = 0.0);
13
14       void setBonus(double = 0.0);        // set bonus
15       double getBonus() const;            // return bonus
16
17       virtual double earnings() const;//calculate earnings
18     virtual void print() const;//print Supervisor object
19   };
20
21   #endif//SUPERVISOR_H
```

Supervisor 类的实现:

代码清单 15.8 Supervisor 类的实现

```
1    //File: supervisor.cpp
2    #include "supervisor.h"
3
4    Supervisor::Supervisor(const char *id,const char *nm,
5                           double salary,double bs)
6        :Manager(id,nm,salary)
7    {
8        setBonus(bs);
```

```
9   }
10
11  void Supervisor::setBonus(double bs)
12  {
13      bonus = (bs < 0.0 ? 0.0 : bs);
14  }
15
16  double Supervisor::getBonus() const
17  {
18      return bonus;
19  }
20
21  double Supervisor::earnings() const // calculate earnings
22  {
23      return Manager::earnings() + bonus;
24  }
25
26  void Supervisor::print() const // print Supervisor object
27  {
28      Manager::print();
29      cout << "Bonus:" << getBonus();
30  }
```

为了测试 Employee 类的层次结构,我们编写了下面的测试程序:

代码清单 15.9　Employee 类层次结构的测试程序

```
1   //File: main.cpp
2   #include "employee.h"
3   #include "generalstaff.h"
4   #include "manager.h"
5   #include "supervisor.h"
6
7   using namespace std;
8
9   void virtualViaPointer(const Employee *const);// prototype
10  void virtualViaReference(const Employee &);// prototype
11
12  int main()
13  {
14      GeneralStaff gEmp("1","John Smith",100,180);
```

```cpp
15      Manager mEmp("2","Sue Jones",5000);
16      Supervisor sEmp("3","Bob Lewis",6000,800);
17
18      cout << "\nEmployee processed individually using static binding:\n\n";
19
20      //output each Employee's information and earnings using static binding
21      gEmp.print();
22      cout << endl;
23      mEmp.print();
24      cout << endl;
25      sEmp.print();
26
27      Employee *emps[3];
28
29      emps[0] = &gEmp;
30      emps[1] = &mEmp;
31      emps[2] = &sEmp;
32
33      cout << "\n\nEmployees processed polymorphically via dynamic binding:\n\n";
34
35      cout << "\nVirtual function calls made off base class pointers:\n\n";
36
37      for(int i = 0; i < 3; i++)
38      {
39          virtualViaPointer(emps[i]);
40          cout << endl;
41      }
42
43      cout << "\nVirtual function calls made off base-class references:\n\n";
44
45      for(int i = 0; i < 3; i++)
46      {
47          virtualViaReference(*emps[i]);
48          cout << endl;
49      }
50
51      return 0;
52  }
53
```

```
54  // call Employee virtual functions print and earnings off
55  // a base-class pointer using dynamic binding
56  void virtualViaPointer(const Employee *const baseClassPtr)
57  {
58      baseClassPtr->print();
59  }
60
61  // call Employee virtual functions print and earnings off
62  // a base-class reference using dynamic binding
63  void virtualViaReference(const Employee &baseClassRef)
64  {
65      baseClassRef.print();
66  }
```

通过这个例子,我们可以得出如下结论:使用基类引用派生类对象和使用基类指针指向派生类对象可以实现动态绑定;不是在编译时,而是在运行时决定调用哪个类的虚函数。

2. 调试示例

写出代码清单 15.10 程序的执行结果,分析一下该程序有什么问题?并给出解决方案。

代码清单 15.10 debug15_02.cpp(有错的程序)

```
1   //File: debug15_02.cpp
2   #include <iostream>
3   #include <cstring>
4   using namespace std;
5
6   class Base
7   {
8   private:
9       int data;
10  public:
11      Base(int d)
12      {
13          data = d;
14          cout << "Constructor of Base.data =" << data << endl;
15      }
16      ~Base()
17      {
18          cout << "Destructor of Base.data =" << data << endl;
                                                          //调试时设置断点
19      }
```

```cpp
20  };
21
22  class Derived:public Base
23  {
24  private:
25      char *data;
26  public:
27      Derived(const char *s):Base(strlen(s))
28      {
29          data = new char[strlen(s) + 1];
30          strcpy(data,s);
31          cout << "Constructor of Derived.data =" << data << endl;
32      }
33      ~Derived()
34      {
35          cout << "Destructor of Derived.data =" << data << endl;
36          delete []data;          //调试时设置断点
37      }
38  };
39
40  int main()
41  {
42      Base *p;
43      p = new Derived("derive");
44      delete p;
45
46      return 0;
47  }
```

(1) 对程序进行编译和连接，没有出现错误。运行程序，运行结果窗口内容如下：

是否有错？
(2) 请利用我们已经学习过的各种调试方法，找出错误，写出调试步骤并修改方案。
调试方法：

_____
_____
_____

修改方案：
_____
_____

3. 改错题

定义一个日期（年 year、月 month、日 day）类 Date 和一个时间（时 hour、分 minute、秒 second）类 Time，并由这两个类派生出"日期时间"类 DateTime。代码清单 15.11 是有错的源程序，请进行改正。

代码清单 15.11 Date 类、Time 类和 DateTime 类（有错的程序）

```
1   //File: debug15_03.cpp
2   #include <iostream>
3   #include <cstring>
4   #include <cstdlib>
5   using namespace std;
6
7   class  Date
8   {
9   private:
10      int year;   //年
11      int month;  //月
12      int day;    //日
13  public:
14      Date(int y = 0, int m = 0, int d = 0);
15
16      void setDate(int,int,int);
17      void getDate(char *);
18  };
19
20  Date::Date(int y,int m,int d)
21  {
22      year = y;
23      month = m;
24      day = d;
25  }
26
27  void Date::setDate(int y,int m,int d)
```

```cpp
28  {
29      year = y;
30      month = m;
31      day = d;
32  }
33
34  void Date::getDate(char *str)
35  {
36      char tmp[20];
37      _itoa(year,str,10);
38      strcat(str,"/");
39      _itoa(month,tmp,10);
40      strcat(str,tmp);
41      strcat(str,"/");
42      _itoa(day,tmp,10);
43      strcat(str,tmp);
44  }
45
46  class Time
47  {
48  private:
49      int hour;      //时
50      int minute;    //分
51      int second;    //秒
52  public:
53      Time(int h = 0, int m = 0, int s = 0);
54
55      void setTime(int h,int m,int s);
56      void getTime(char *);
57  };
58
59  Time::Time(int h,int m,int s)
60  {
61      hour = h;
62      minute = m;
63      second = s;
64  }
65
66  void Time::setTime(int h,int m,int s)
67  {
```

```cpp
68      hour = h;
69      minute = m;
70      second = s;
71  }
72
73  void  Time::getTime(char *str)
74  {
75      char tmp[20];
76      _itoa(hour,str,10);
77      strcat(str,":");
78      _itoa(minute,tmp,10);
79      strcat(str,tmp);
80      strcat(str,":");
81      _itoa(second,tmp,10);
82      strcat(str,tmp);
83  }
84
85  class DateTime:private Date,private Time
86  {
87  public:
88      DateTime():Date(),Time() { }
89      DateTime(int y,int m,int d,int h,int min,int s)
90          :Date(y,m,d),Time(h,min,s) { }
91
92      void getDateTime(char *);
93      void setDateTime(int y,int m,int d,int h,int min,int s);
94  };
95
96  void DateTime::getDateTime(char *str)
97  {
98      char str1[100],str2[100];
99      getDate(str1);
100     getTime(str2);
101     strcpy(str,"日期和时间分别是:");
102     strcat(str,str1);
103     strcat(str,";");
104     strcat(str,str2);
105 }
106
107 void DateTime::setDateTime(int y,int m,int d,int h,int min,int s)
```

```cpp
108     {
109         year = y;
110         month = m;
111         day = d;
112         setTime(h,min,s);
113     }
114
115     int main()
116     {
117         Date    d1(2015,2,28);
118         char    str[40];
119
120         d1.getDate(str);
121         cout << "日期是:" << str << '\n';
122
123         Time    t1(21,15,57);
124         t1.getTime(str);
125         cout << "时间是:" << str << '\n';
126
127         DateTime    dt1(2015,4,3,9,30,17);
128         dt1.getDate(str);
129         cout << str << '\n';
130         dt1.getDateTime(str);
131         cout << str << '\n';
132
133         return 0;
134     }
```

编译程序后共有_____errors,_____warnings。请列出所有的错误信息以及相应的中文含义,并分析原因。

错误信息:_____

_____

_____

_____

_____

_____

_____

中文含义:_____

错误原因：

修改方法：

4. 编程题

(1) 画一张大学学生的继承层次图。首先以 Student 作为该层次的基类，然后派生出两个类：UndergraduateStudent 类和 GraduateStudent 类。接着继续扩展该层次，层次越多越好。例如，可以从 UndergraduateStudent 类派生出 Freshman、Sophomore、Junior 和 Senior，从 GraduateStudent 类派生出博士生类 DoctoralStudent、硕士生类 MasterStudent。画出层次图后，讨论图中各类间存在的关系。注意，本题不用编写任何代码。

(2) 在实验 14 编程题第(3)题实现的 LongLongInt 类的基础上，创建一个带符号的任意长的整数类型。该类型支持输入输出、比较操作、加法操作、减法操作、++操作和--操作。用组合和继承两种方法实现。

(3) 修改代码清单 15.1～代码清单 15.8 中的工资发放系统，在 Employee 类增加一个数据成员 birthDate，数据类型为代码清单 15.11 中定义的 Date 类。修改各个具体类的成员函数 earnings 的计算方法，如果某个雇员的生日在本月，就给该雇员 200 元的奖金。

(4) 按照图 15.2，设计 Shape 类层次结构，其中基类 Shape 类为抽象类，其他类为具体类，每个类都包含成员函数 getArea，用于计算图形的面积。

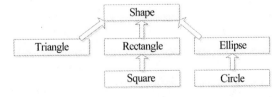

图 15.2 Shape 类层次结构

(5) 在第(4)题的基础上设计一个圆柱体类型。提供功能有：求底面积、侧面积、体积，获取高度。

〈提高题〉

(6) 客户都能在他们的开户银行建立账户存钱、取钱，但是账户也可以分成更具体的类型。例如，存款账户 SavingsAccount 依靠存款生利；而对于支票账户 CheckingAccount，银行对其每笔交易(即存款或取款)收取费用。

创建一个类的层次，以 Account 作为基类，SavingsAccount 和 CheckingAccount 作为派生类。基类 Account 包含客户姓名 name 和账户余额 balance 两个数据成员，成员函数 credit 完成存钱操作；成员函数 debit 完成取钱操作，需要保证账户不会透支；成员函数 getBalance 则返回当前 balance 的值。派生类 SavingsAccount 不仅继承基类 Account 的功能，还需增加一个数据成员 interestrate 表示账户利率(百分比)；一个成员函数 calculateInterest，返回账户利息。CheckingAccount 不仅继承基类 Account 的功能，还需增加一个数据成员 cost 表示每笔交易的费用，重新定义成员函数 credit 和 debit，当每笔交易成功完成时，从 balance 中减去每笔交易的费用。

(7) 一些快递公司，都提供多样化的服务，同时也收取不同的费用。创建一个表示各种不同包裹的继承层次。以包裹类 Package 作为基类，两日包裹类 TwoDayPackage 和连夜包裹类 OvernightPackage 作为派生类。基类 Package 包括寄件人和收件人姓名、地址、邮政编码、联系电话以及包裹重量(单位：克)和每克费用等数据成员。Package 类应该提供成员函数 calculateCost，计算与运输该包裹有关的费用(费用=包裹重量×每克费用)并返回。

派生类 TwoDayPackage 直接继承基类 Package 的功能，但还应增加一个数据成员，表示付给两日快递服务的平寄费。派生类 TwoDayPackage 还应重新定义基类的成员函数 calculateCost 来计算运输费用，具体办法是将平寄费加到由基类 Package 的 calculateCost 函数计算得到的费用中。

派生类 OvernightPackage 直接继承基类 Package 的功能，但还应增加一个数据成员，表示付给连夜快递服务的每克的额外费用。派生类 OvernightPackage 还应重新定义基类的成员函数 calculateCost，从而使它在计算运输费用之前，先将额外的每克费用加到标准的每克费用上。

实验结果与分析

按照附录 B 的要求完成实验报告。

实验 16 模板

实验目的

(1) 掌握模板函数的编程方法。
(2) 理解函数模板和函数模板实例化的区别。
(3) 掌握类模板的编程方法。
(4) 理解类模板与类模板实例化的区别。
(5) 理解类模板的非类型参数和默认类型参数。
(6) 理解模板与继承。

实验内容

1. 调试示例

写出代码清单 16.1 程序的执行结果,理解类模板和类模板实例化产生的模板类的区别,尤其是类模板静态数据成员在类模板实例化后具有的特征。

代码清单 16.1 debug16_01.cpp

```
1   //File: debug16_01.cpp
2   #include <iostream>
3   #include <typeinfo>
4   using namespace std;
5
6   template<typename T>
7   class StaticSample
8   {
9   private:
10      static int obj_count;
11      static int obj_living;
12  public:
13      StaticSample() {++obj_count;++obj_living;}
14      ~StaticSample() {--obj_living;}
15      static void display();    //静态成员函数
```

```cpp
16      };
17                          //静态数据成员的定义及初始化
18   template<typename T>   int StaticSample<T>::obj_count = 0;
19   template<typename T>   int StaticSample<T>::obj_living = 0;
20
21   template<typename T>
22   void StaticSample<T>::display()  //静态成员函数
23   {
24       cout << "总对象数:" << obj_count         //调试时设置断点
25            << "\t 存活对象数:" << obj_living << endl;
26   }
27
28   int main()
29   {
30       cout << "StaticSample<int>";
31       StaticSample<int>::display();//通过类名限定调用静态成员函数
32       StaticSample<int> s1;
33       cout << "StaticSample<int>";
34       s1.display();    //通过对象调用静态成员函数
35       cout << endl;
36
37       cout << "StaticSample<double>";
38       StaticSample<double>::display();//通过类名限定调用静态成员函数
39       StaticSample<double> s2;
40       cout << "StaticSample<double>";
41       s2.display();    //通过对象调用静态成员函数
42
43       if(typeid(s1) == typeid(s2))    //判断 s1 和 s3 是不是相同类型
44           cout << "\ns1 与 s3 是相同的类\n\n";
45       else
46           cout << "\ns1 与 s3 不是相同的类\n\n";
47
48       StaticSample<int> *p1 = new StaticSample<int>;
49       if(typeid(s1) == typeid(*p1))   //判断 s1 和 *p1 是不是相同类型
50           cout << "\ns1 与 *p1 是相同的类\n\n";
51       else
52           cout << "\ns1 与 *p1 不是相同的类\n\n";
53
54       cout << "StaticSample<int>";
55       p1->display();//通过指向对象的指针调用静态成员函数
```

```
56
57      cout << "StaticSample<double>";
58      StaticSample<double>::display();
59
60      delete p1;
61
62      cout << "StaticSample<int>";
63      StaticSample<int>::display();
64
65      return 0;
66  }
```

(1) 对程序进行编译和连接,没有出现错误。运行程序,运行结果窗口内容如下:

(2) 按照源程序注释要求设置断点,请利用我们已经学习过的各种调试方法跟踪程序的执行过程。关于类模板的静态数据成员在类模板实例化后具有的特征,总结如下:

2. 改错题

模板函数 isEqual 利用相等运算符(==)判断两个同类型的参数是否相等。如果相等则返回 true;否则返回 false。代码清单 16.2 是有错的源程序,请进行改正。

代码清单 16.2　模板函数 isEqual（有错的程序）

```cpp
1   //File: debug16_02.cpp
2   #include <iostream>
3   using namespace std;
4
5   template <typename T>
6   bool isEqual(const T &t1,const T &t2);  //模板函数原型声明
7
8   class A
9   {
10  private:
11      int x;
12  public:
13      A(int xx = 0){x = xx;}
14  };
15
16  int main()
17  {
18      cout << "1" << (isEqual(1,2) ? "==" : "!=") << "2" << endl;
19      cout << "3" << (isEqual(3,3) ? "==" : "!=") << "3" << endl;
20
21      cout << "a" << (isEqual('a','d') ? "==" : "!=") << "d" << endl;
22      cout << "b" << (isEqual('b','b') ? "==" : "!=") << "b" << endl;
23
24      A a1(10),a2(20);
25      cout << "a1" << (isEqual(a1,a2) ? "==" : "!=") << "a2" << endl;
26
27      return 0;
28  }
29
30  template <typename T>
31  bool isEqual(const T &t1,const T &t2)    //模板函数
32  {
33      if(t1 == t2)
34          return true;
35      else
36          return false;
37  }
```

编译程序后共有_____errors,_____warnings。请仔细观察第 2 条错误,并分析原因。

错误: 33 行,错误信息:_____

中文含义:_____

错误原因:_____

修改方法:_____

3. 编程题

(1) 设计一个计算 x^n 的函数模板。x 可以是任意支持乘法操作的类型,如 int,double 和本书定义的 Rational 或 Complex 类型。n 为整型。

(2) 设计并实现一个直接选择排序的函数模板。排序元素可以是 C++的内置类型或重载了比较运算的类类型。

(3) 设计并实现一个适用于支持"等于"比较的类型的二分查找函数模板。试用递归和非递归两种方法实现。

(4) 设计一个处理集合的类模板,集合元素的初值在构造函数中指定。要求该类模板能实现集合的并、交、差以及输出运算。要求用运算符重载实现。并操作重载成"*",与操作重载成"+",差操作重载成"-",输出重载成"<<"。

(5) 设计并实现一个有序表的类模板,表中的元素是任意支持比较操作的类型的对象。提供的功能有:插入一个元素、删除一个元素、输出表中第 n 大的元素、按需输出表中所有的元素。用两种方法实现。一种是用数组存放有序表的元素,另一种是用单链表存放有序表的元素。

实验结果与分析

按照附录 B 的要求完成实验报告。

实验 17 异常处理

实验目的

(1) 理解何时会用到异常处理。
(2) 掌握运用 throw、try 和 catch 抛出、发现和处理异常的方法。
(3) 理解异常处理执行流程。

实验内容

1. 编程示例

用两种方法,编写产生和处理内存耗尽异常的程序。

当我们利用 new 函数申请比较大的空间时,由于系统内存资源有限,不一定能满足需求。针对这种情况,常规的错误处理认为在 new 失败时会返回 NULL,从而形成如代码清单 17.1 所示的处理方法。

代码清单 17.1 在 new 失败时返回 NULL

```
1   #include <iostream>
2   #include <fstream>
3   #include <exception>
4   using namespace std;
5
6   int main()
7   {
8       double *ptr[10];
9
10      for(int i = 0; i < 10; i++)
11      {
12          ptr[i] = new double[100000000];//为 ptr[i]申请空间
13
14          if(ptr[i] == NULL)
15          {
16              cerr << "Memory allocation failed for ptr[" << i << "]\n";
```

```
17                  break;
18              }
19          else
20              cerr << "Allocated 100000000 doubles in ptr[" << i << "]\n";
21      }
22
23      return 0;
24  }
```

如果在 Microsoft Visual C++ 6.0 环境下运行上述代码,会产生类似下面的运行结果:

Allocated 100000000 doubles in ptr[0]

Allocated 100000000 doubles in ptr[1]

Memory allocation failed for ptr[2]

输出显示程序在 new 失败前只进行了两次成功空间分配,循环就结束了。根据实际使用的计算机的物理内存、系统为虚拟内存分配的磁盘空间的不同,都会使输出结果有所不同。

但是同样的代码在 Code::Blocks 环境下运行时,却会产生类似下面的运行结果:

Allocated 100000000 doubles in ptr[0]

Allocated 100000000 doubles in ptr[1]

terminate called after throwing an instance of 'std::bad_alloc'

what(): std::bad_alloc

这说明 Code::Blocks 在 new 失败时抛出 bad_alloc 异常而不是返回 NULL。

代码清单 17.2 给出采用异常处理的方法。

代码清单 17.2　在 new 失败时抛出 bad_alloc

```
1   //File: debug17_01.cpp
2   #include <iostream>
3   #include <fstream>
4   #include <exception>
5   using namespace std;
6
7   int main()
8   {
9       double *ptr[10];
10
11      try
12      {
13          for(int i = 0; i < 10; i++)
14          {
15                      //为 ptr[i]申请空间,如果出错会抛出 bad_alloc 异常
16              ptr[i] = new double[100000000];
```

```
17              cout << "Allocated 50000000 doubles in ptr[" << i << "]\n";
18          }
19      }
20      catch(bad_alloc&memoryAllocationException)    //处理 bad_alloc 异常
21      {
22          cerr << "Exception occurred:"
23              << memoryAllocationException.what() << endl;
24      }
25
26      return 0;
27  }
```

上述代码在 CodeBlocks 环境下运行,会产生类似下面的运行结果:
Allocated 100000000 doubles in ptr[0]
Allocated 100000000 doubles in ptr[1]
Exception occurred:std::bad_alloc

2. 调试示例

调和平均数(harmonic mean)是 n 个变量倒数的算术平均数的倒数。

$$H = \frac{n}{\frac{1}{x_1} + \frac{1}{x_2} + \cdots + \frac{1}{x_n}}$$,其中 $x_1 + x_2 + \cdots + x_n$ 不能等于零。

几何平均数(geometric mean)是指 n 个变量连乘积的 n 次方根:

$$\sqrt[n]{x_1 \times x_2 \times x_3 \times \cdots \times x_n}, \quad x_i > 0, \ 1 \leqslant i \leqslant n$$

hMean 函数和 gMean 函数分别实现两个变量的调和平均数和几何平均数的计算。如果变量的值不满足规定条件,则采用异常处理方法终止函数的执行,如代码清单 17.3 所示。

代码清单 17.3 求调和平均数和几何平均数

```
1   //File: debug17_02.cpp
2   #include <iostream>
3   #include <cmath>
4   using namespace std;
5
6   double hMean(double x,double y) throw(const char *);//计算调和平均数
7   double gMean(double x,double y) throw(const char *);//计算几何平均数
8   void exHandle1();    //异常处理方案一
9   void exHandle2();    //异常处理方案二
10
11  int main()
12  {
```

```cpp
13      cout << "\nException Handle 1:\n";
14      exHandle1();
15      cin.clear();
16
17      cout << "\nException Handle 2:\n";
18      exHandle2();
19
20      return 0;
21  }
22
23  //计算调和平均数
24  double hMean(double x,double y) throw(const char *)
25  {
26      if((x + y) == 0)
27          throw "(x + y) == 0  not allowed.";
28      return 2.0 * x * y / (x + y);
29  }
30
31  //计算几何平均数
32  double gMean(double x,double y) throw(const char *)
33  {
34      if((x < 0) || (y < 0))
35          throw "Negative values not allowed.";
36      return sqrt(x * y);
37  }
38
39  //异常处理方案一
40  void exHandle1()
41  {
42      double x,y,z;
43      cout << "\nEnter two numbers:";
44
45      while(cin >> x >> y)
46      {
47          try
48          {
49              cout << "Harmonic mean of" << x << "and" << y
50                   << "is" << hMean(x,y) << endl;
51              cout << "Geometric mean of" << x << "and" << y
52                   << "is" << gMean(x,y) << endl;
```

```
53          }
54          catch(const char *err)
55          {
56              cout << err << endl;
57          }
58          cout << "\nEnter a new pair of numbers<Ctrl+z:quit>:";
59      }
60  }
61
62  //异常处理方案二
63  void exHandle2()
64  {
65      double x,y,z;
66      cout << "\nEnter two numbers:";
67
68      while(cin >> x >> y)
69      {
70          try
71          {
72              cout << "Harmonic mean of" << x << "and" << y
73                   << "is" << hMean(x,y) << endl;
74          }
75          catch(const char *err)
76          {
77              cout << err << endl;
78          }
79
80          try
81          {
82              cout << "Geometric mean of" << x << "and" << y
83                   << "is" << gMean(x,y) << endl;
84          }
85          catch(const char *err)
86          {
87              cout << err << endl;
88          }
89          cout << "\nEnter a new pair of numbers<Ctrl+z:quit>:";
90      }
91  }
```

对程序进行编译和连接,没有出现错误。下面是程序运行的一个示例:

Exception Handle 1:

Enter two numbers:*1 2*
Harmonic mean of 1 and 2 is 1.33333
Geometric mean of 1 and 2 is 1.41421

Enter a new pair of numbers <Ctrl+z:quit>:*1 -1*
(x+y)==0　not allowed.

Enter a new pair of numbers<Ctrl+z:quit>:*1 -2*
Harmonic mean of 1 and -2 is 4
Negative values not allowed.

Enter a new pair of numbers<Ctrl+z:quit>:*^Z*

Exception Handle 2:

Enter two numbers:*1 2*
Harmonic mean of 1 and 2 is 1.33333
Geometric mean of 1 and 2 is 1.41421

Enter a new pair of numbers<Ctrl+z:quit>:*1 -1*
(x+y)==0　not allowed.
Negative values not allowed.

Enter a new pair of numbers<Ctrl+z:quit>:*1 -2*
Harmonic mean of 1 and -2 is 4
Negative values not allowed.

Enter a new pair of numbers<Ctrl+z:quit>:*^Z*

仔细分析上述程序运行示例,分析一下两种异常处理方案的差异,并利用以前实验介绍的调试方法跟踪程序的执行流程,理解异常处理的执行逻辑。

3. 编程题

（1）写一个安全的整型类，要求可以处理整型数的所有操作，且当整型数的操作结果溢出时抛出异常。

（2）设计一个计算 n! 的函数，当 n 是负数时抛出异常。

（3）设计一个程序，输入学生的成绩，计算学生成绩的平均值。当输入的成绩小于 0 或大于 100 时抛出异常。

（4）编写一个程序，证明所有在一个块中创建的对象的析构函数都将在那个块中抛出异常之前被调用。

（5）编写一个程序，尝试以读的方式打开一个不存在的文件，以异常处理方式解决这个问题。

〈提高题〉

（6）修改程序清单 debug17_02.cpp，使 hMean 引发一个类型为 hMeanException 的异常，gMean 引发一个类型为 gMeanException 的异常。这两个异常类型都是从头文件 <exception> 提供的 exception 类派生而来的。为每个新类重载 what()，使 what() 显示的消息指出函数名称和问题的特征。另外，在捕获到 hMeanException 异常后，程序将提示用户输入两个数据，然后继续循环；在捕获 gMeanException 异常后，程序将退出循环，并继续执行循环后面的代码。

（7）编写一个程序，从深层嵌套函数抛出异常，并且由含有调用链的 try 语句块后的 catch 处理器来捕获那个异常。

实验结果与分析

按照附录 B 的要求完成实验报告。

实验 18 输入/输出与文件

实验目的

(1) 了解 I/O 流类的层次结构。
(2) 掌握 C++标准输入输出流的用法。
(3) 能够使用操纵算子格式化输入输出。
(4) 能够确定输入输出流的状态,并进行流错误处理。
(5) 理解文本文件流与二进制文件流在操作上的区别。
(6) 掌握文件流的打开、关闭及读写操作的方法。

实验内容

1. 调试示例

下面程序目的是首先产生一个文本文件 test.txt,内容只有一行:34 This is a text file,包含一个整数 34 和一个字符串"This is a text file"。然后把该文件的内容读出,存入一个整数和一个字符数组中。

程序运行示例:(改正后程序的正确运行结果)

34 This is a text file

代码清单 18.1 是有错的源程序:

代码清单 18.1 test.txt 读写操作(有错的程序)

```
1    //File: debug18_01.cpp
2    #include <iostream>
3    #include <fstream>
4
5    using namespace std;
6
7    int main()
8    {
9        ofstream fout;
10       ifstream fin;
11       int num;
```

```
12        char str[80];
13
14        fout.open("test.txt");
15        if (!fout)
16        {
17            cerr << "Cannot create file.";
18            return 1;
19        }
20        fout << 34 << " " << "This is a text file\n";
21
22
23        fin.open("test.txt");    //调试时设置断点
24
25        if (!fin)
26        {
27            cerr << "Cannot open file.";
28            return 1;
29        }
30        fin >> num >> str;
31        cout << num << " " << str;
32
33        fin.close();    //调试时设置断点
34
35        return 0;
36    }
```

(1) 对程序进行编译和连接,没有出现错误信息。
(2) 运行程序,写出程序运行结果。

运行结果显然错误,说明程序存在逻辑错误,需要调试修改。
(3) 调试步骤。
a. 调试开始,按照源程序 debug18_01.cpp 注释要求设置两个断点。
b. 单击按钮 ⬇ (Debug/Continue),调试开始,程序执行到第一个断点处停下来。打开文件 test.txt,发现文件内容_____;单击按钮 ❌ (Stop debugger),停止调试,仔细观察代码,分析错误原因。
错误原因:_____
改正方法:_____
c. 对程序进行重新编译和连接,没有出现错误信息。
d. 再次单击按钮 ⬇ (Debug/Continue),调试重新开始,程序执行到第一个断点处停下来。打开文件 test.txt,发现文件内容正确。

e. 继续单击按钮 ⬇📄 (Debug/Continue),程序执行到第二个断点处停下来。写出运行窗口的内容:_____,通过 Watches 观察窗口查看局部变量 num 和 str 的值,是否正确?_____

错误原因:_____

改正方法:_____

2. 改错题

文件 file.dat 中存放若干个整数,设计一个程序求出这些数的平均值,并把平均值添加到该文件的最后面。

程序运行示例:

文件 file.dat 中的初始内容

78 80 84 90 88

程序运行后,文件 file.dat 中的内容

78 80 84 90 88 84

代码清单 18.2 是有错的源程序,请进行改正。

代码清单 18.2　求平均数(有错的程序)

```
1    //File: debug18_02.cpp
2    #include <iostream>
3    #include <fstream>
4    using namespace std;
5
6    int main()
7    {
8        fstream fp;
9        int num, cnt = 0, sum = 0;
10
11       fp.open("file.dat", ios::in);
12
13       if(fp.fail())
14       {
15           cerr << "Cannot open file";
16           return 1;
17       }
18
19       while(fp >> num)
20       {
21           sum += num;
22           cnt++;
```

```
23        }
24
25        if(fp.fail())
26        {
27            cerr << "Cannot write file.";
28            return 1;
29        }
30        else
31            fp << " " << sum/cnt;
32
33        fp.close();
34
35        return 0;
36    }
```

(1) 在运行程序前,首先建立文本文件 file.dat,输入一行,有 5 个整型数 78 80 84 90 88,整数之间由空格分开,保存文件。

(2) 对程序进行编译连接后无错误出现。运行程序,运行窗口显示内容:_____

_____

(3) 请仔细分析错误产生的原因,模仿调试示例进行调试改错,并指出错误的位置并给出正确语句。

改错汇总:

错误行号:_____ 改正方法:_____

错误行号:_____ 改正方法:_____

3. 编程题

(1) 按照程序注释的要求,完成 main 函数。

```
#include <iostream>

using namespace std;

int main()
{
    int n = 123;
    double f = 1.234;
    char str[20] = "Hello everyone!";
    /*
    1. 以八进制输出 n
    2. 输出整数 n 时显示基数
    3. 以科学计数法显示 f
    4. 使科学计数法的指数字母以大写输出
```

```
    5. 分别设置精度为 3、4、5 显示 f
    6. 输出字符串 str
    7. 输出字符串 str 的地址
    8. 设置显示宽度为 30,填充字符为'@',右对齐方式显示字符串 str
    9. 按 8 进制输入整数 n,然后按 16 进制输出
    10. 从流中读取 12 个字符到 str,遇到'!'字符停止操作
    */

    return 0;
}
```

(2) 编写一个程序,统计一个文本文件中英文字母、数字以及其他字符的个数。文本文件名通过键盘输入字符串来指定。

(3) 编写一个程序,比较两个文本文件的内容是否相同。如果两个文件的内容完全相同,屏幕输出"Two files are equal.";否则,屏幕输出两个文件中第一次出现不同字符的位置(行号,列号)。

(4) 从 C++语言源程序(hello.cpp)中读入文件内容,为每一行加上行号后,保存到文件 hello_linenum.cpp 中。

hello.cpp 的内容

```
//显示"Hello Everyone!"
#include <iostream>              //编译预处理命令

using namespace std;

int main()                       //主函数
{
    cout << "Hello Everyone!" << endl;   //调用 cout 输出
    return 0;
}
```

程序运行后 hello_linenum.cpp 的内容

```
1  //显示"Hello Everyone!"
2  #include <iostream>            //编译预处理命令
3
4  using namespace std;
5
6  int main()                     //主函数
7  {
8      cout << "Hello Everyone!" << endl;   //调用 cout 输出
9      return 0;
10 }
```

(5) 编写一个程序,将 C++语言源程序(hello.cpp)文件中所有注释删除后,保存到文件

hello_nocom.cpp 中。

　　hello.cpp 的内容和上题一样。

　　程序运行后 hello_nocom.cpp 的内容

```cpp
#include <iostream>

using namespace std;

int main()
{
    cout << "Hello Everyone!" << endl;
    return 0;
}
```

（6）班级通讯录。通讯录包含姓名（最多 20 个字符）、生日（包括年、月、日）、电话号码、家庭地址（最多 50 个字符）。从键盘输入 n(n≤10)个学生信息，按照他们姓名的字典顺序从小到大输出到文件 address.txt 中。

　　程序运行示例：

Please input n(n<10): *2*

Wangwu 1990 12 11 13901232222 No. 800 Dongchuan Road

Zhangsan 1993 1 23 18912337789 No. 238 Huasan Road

　　程序运行后 address.txt 的内容：

Wangwu 1990/12/11 13901232222 No.800 Dongchuan Road

Zhangsan 1993/1/23 18912337789 No.238 Huasan Road

〈提高题〉

（7）回文是指只考虑字母 'A'～'Z' 和 'a'～'z'（不区分大小写），而忽略标点符号、数字、空白字符等，从左向右念和从右向左念都一样的英文单词、句子或文章。编写一个程序，从输入文件 palindrome.in 中寻找最长的回文，把它保存到 palindrome.out。已知 palindrome.in 内容长度不超过 10 000 个字符，最长的回文不会超过 2 000 个字符。

　　程序运行示例：

palindrome.in 的内容

Was it a bar or a bat I saw?

程序运行后 palindrome.out 的内容

WasitabarorabatIsaw

（8）设计一个简单的学生信息管理程序，学生信息包括：学号、姓名、性别、年龄、班级等。基本功能包括：可以将信息存入文件或从文件中读出，可以添加、删除、修改学生信息，可以根据学号、姓名从文件中查找学生信息。

实验结果与分析

按照附录 B 的求要完成实验报告。

附录A Code∷Blocks10.05简介

Code∷Blocks 是一个开放源码的跨平台 C/C++集成开发环境(IDE),由 C/C++语言基于著名的图形界面库 wxWidgets 开发。这与使用 JAVA 语言开发的集成开发环境,如 Eclipse、NetBeans 等相比,其运行速度要快得多,而且由于其开源性质,用户也省去了购买微软公司开发的庞大的 Visual Studio 的高昂价格。有时 Code∷Blocks 也会简写成 CodeBlocks。

Code∷Blocks 支持 GCC、Visual C++、Inter C++等 20 多种编译器,安装后占用较少的硬盘空间,个性化特征十分丰富,功能十分强大,而且易学易用。本书以开源的 GCC 作为示例,与之配对的调试器为 GDB。Code∷Blocks 还支持插件,这种方式让其具备了良好的可扩展性。同时 Code∷Blocks 提供了包括中文在内的近 40 种语言显示方式,在本书中,我们使用英文 Code∷Blocks10.05。

Code∷Blocks 还提供了许多工程模板,包括控制台应用、DirectX 应用、动态连接库、FLTK 应用、GLFW 应用、Irrlicht 工程、OGRE 应用、OpenGL 应用、QT 应用、SDCC 应用、SDL 应用、SmartWin 应用、静态库、Win32 GUI 应用、wxWidgets 应用、wxSmith 工程等,另外它还支持用户自定义工程模板。本书中我们一般使用控制台应用模板,即编写可在控制台中运行的应用程序。另外,Code∷Blocks 还支持语法彩色醒目显示、代码自动完成等许多实用的代码编辑功能,帮助用户方便快捷地编辑 C/C++源代码。

正是基于上述的优点,本书选择 Code∷Blocks 作为集成开发环境,介绍 Code∷Blocks 的安装、配置以及 C++程序的编写、编译及调试等内容。

1. Code∷Blocks 安装

本书使用 Code∷Blocks 版本是 10.05(即 2010 年 5 月份发布的版本),其安装版本可以从 Code∷Blocks 网站 http://www.codeblocks.org 下载。该网站提供了 Windows、Linux(多种发行版)及 Mac OS X 等系统下的安装文件或源文件。本书以 Windows 为例进行讲解,其他操作系统与之类似。因此,需要首先下载 Windows 版本的 Code∷Blocks10.05,文件名 codeblocks-10.05mingw-setup.exe。

Code∷Blocks 支持多种编译器,但本书主要使用 Windows 下的 MinGW G++编译器。因此需要安装 MinGW。当然,下载的安装程序已经自带完整的 MinGW 环境,我们则无需进行额外安装操作。

下面详细介绍 Code∷Blocks 的安装步骤。双击下载的文件开始安装。在安装过程中重点注意以下两点:

(1) 如图 A.1 所示,选择"Full/All plugins, all tools, just everything"安装,避免一些插件没有被安装上。

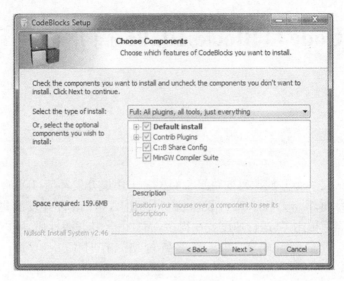

图 A.1　完整安装选项

（2）安装目录最好不要带有空格或汉字。这一点并不是 Code∷Blocks 的限制，而是因为 MinGW 里的一些命令行工具，特别是我们会用到的调试器，对中文目录或带空格的目录支持有问题。因此，就装在根目录下的 X:\CodeBlocks 即可。例如，可以安装在 C:\CodeBlocks 下。安装结束后，双击桌面上的 Code∷Blocks 启动图标 ![icon]，或运行在开始菜单里相应的程序启动 Code∷Blocks。启动时，能看到如图 A.2 所示的启动界面，那就说明安装成功了。

图 A.2　Code∷Blocks 启动界面

2. Code∷Blocks 编程环境配置

Code∷Blocks 具有很多实用的个性化特性，可配置的方面很多，本书只对一些基本的配置加以介绍。有关其他的选项，读者可以自己研究。

进入 Code∷Blocks 主界面，选择主菜单 Settings，我们就可以分别对环境（Environment...）、编辑器（Editor...）、编译器和调试器（Compiler and Debugger...）进行配置。

1）C++编译器及调试器

首先到 X:\CodeBlocks\MinGW\bin 下，检查有没有以下文件：

mingw32-gcc.exe　　C 的编译器

mingw32-g++.exe　　C++的编译器

ar.exe　　静态库的连接器

gdb.exe　　调试器

windres.exe　Windows下资源文件编译器

mingw32-make.exe　制作程序。

选择 Code::Blocks 主菜单 Settings,然后选中 Compiler and debugger...子菜单,在出现的对话框中,选中 Toolchain executables 标签,界面如图 A.3 所示。单击右侧的 Auto-detect 按钮,一般而言 Code::Blocks 能自动识别编译器的安装路径。如果不能自动识别编译器安装的路径,就需要单击 ... 按钮进行手动配置。配置完后,对照图 A.3,检查配置是否正确无误。

图 A.3　工具链执行配置对话框

2) 编辑器

编辑器主要用来编辑程序的源代码,Code::Blocks 内置的编辑器界面友好,功能比较完备,操作也很简单。

(1) 通用设置。

如果对 Code::Clocks 默认的字体和字号不满意,可以自行修改。选择 Code::Blocks 主菜单 Settings,然后选中 Editor...子菜单,会出现如图 A.4 所示的对话框,默认出现通用设置 General settings 栏目,单击 Choose 按钮即可根据用户个人的喜好选择合适的字体、字号等编辑选项。

(2) 源代码格式。

不同的人编写代码风格不尽相同,Code::Blocks 提供了几种代码的书写格式。选择 Code::Blocks 主菜单 Settings,选中 Editor...子菜单,弹出一个对话框,用鼠标拖动左侧的滚动条,找到标签为 Source formatter 的按钮,选中它,出现的界面如图 A.5 所示。可以看到右侧 Style 选项卡下有几种源代码风格:Allman(ANSI)、Java、K&R、Stroustrup、Whitesmith、Banner、Gnu、Linux、Horstmann、Custom。可以根据个人习惯进行选择,如果选中 Custom 则需要自己设置选项卡 Indentation 和 Formatting 下的各个选项。选中自己习惯或者喜欢的

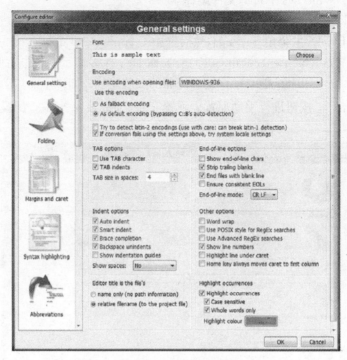

图 A.4 编辑通用配置对话框

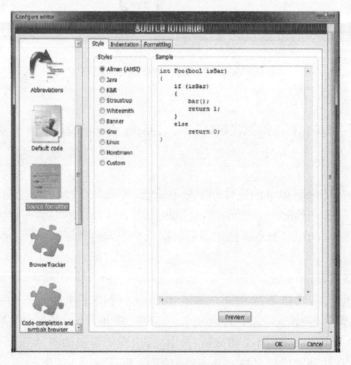

图 A.5 源代码格式配置对话框

风格后,然后单击 OK 按钮。笔者本人习惯的风格是 Allman(ANSI),所以本书中出现的源代码均采用该风格。

3) 配置环境

选择主菜单 Settings 下的第一个子菜单 Environment... 会弹出一个窗口,用鼠标拖拉左侧的滚动条,可以看到很多带有文字的图标。这些下面带有文字的图标代表不同的功能按钮。

考虑编写或者调试程序的过程中偶然出现断电,如果没有后备电源,此时可能会丢失部分内容。为此,我们可以设置 Code::Blocks 自动保存功能。

选择 Code::Blocks 主菜单 Settings,选中 Environment... 子菜单,弹出一个对话框,用鼠标拖动左侧的滚动条,找到标签为 Autosave 的按钮,选中它,出现界面如图 A.6 所示。分别设置自动保存源文件和工程的时间,如均为 20 分钟。Method 为保存文件的方式,有 4 种,分别是:Create backup and save to original file,Save to original file,Save to .save file 以及 Save project to .save file,backup sources logrotate style,一般选择 Save to .save file 即可。

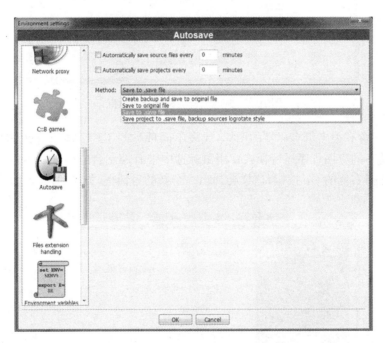

图 A.6 自动保存配置对话框

3. 编写程序

Code::Blocks 支持创建多种类型的程序,如动态链接库、图形界面应用程序等。然而,本书介绍的程序多运行于控制台,是最基本的应用程序运行模式。Code::Blocks 创建一个工作空间(workspace)跟踪当前的工程(project),一个工作空间可以同时打开多个工程,但只能有一个工程为当前工程。一个工程就是一个或多个源文件(包括头文件)的集合,可以方便地把相关文件组织在一起。源文件(source file)就是程序中包含源代码的文件,如果编写的是 C++ 程序,文件名后缀为 .cpp。有时候我们为了实现特定目标的函数集合,如数学运算,还会用到头文件(header file),后缀为 .h。

1) 创建一个工程

为了管理方便,一般先建立一个文件夹用于存放所有工程文件,例如 D:\PROGRAM_CPP。

创建工程的方法很多,可以选择主菜单 File—New—Project... 或者更简单的,在 Start here 页面上,单击链接 Create a new project。无论使用哪种方式创建一个工程,都会打开一个对话框,如图 A.7 所示。

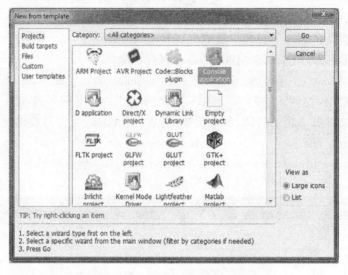

图 A.7 新建工程类型选择对话框

这个窗口中含有很多带有标签的图标,代表不同种类的工程。本书介绍的程序多运行于控制台,是最基本的应用程序运行模式。用鼠标选中带有控制台应用(Console application)标签的图标,再选择右侧的 Go 按钮,这样会弹出一个新的对话框,如图 A.8 所示。

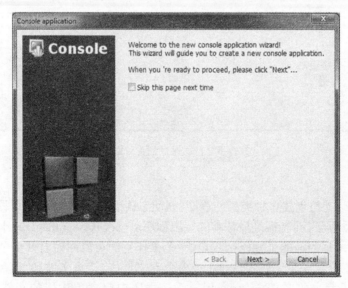

图 A.8 新建控制台应用程序的欢迎界面

单击 Next 按钮进入下一步,弹出一个对话框,如图 A.9 所示。

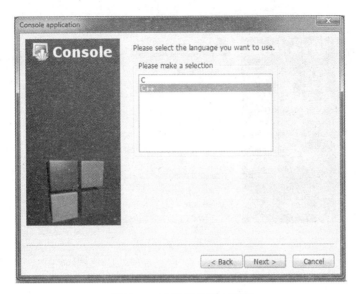

图 A.9　选择编程语言类型

在弹出的对话中有 C 和 C++两个选项,选择 C++表示编写 C++控制台应用程序,选择 C 表示编写 C 控制台应用程序。这里以编写 C++程序为例,因此选择 C++。接下来单击下方的[Next]按钮进入下一步,又弹出一个对话框,如图 A.10 所示。

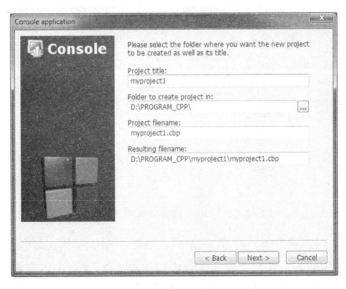

图 A.10　输入工程名称及创建的位置

在 Project title 文本框输入 myproject1；在 Folder to create project in 选择 D:\PROGRAM_CPP。系统自动定义 Project filename 为 myproject1.cbp,定义 Resulting filename 为 D:\PROGRAM_CPP\myproject1\myproject1.cbp。

接下来单击下方的[Next]按钮进入下一步,又弹出一个对话框,如图 A.11 所示。

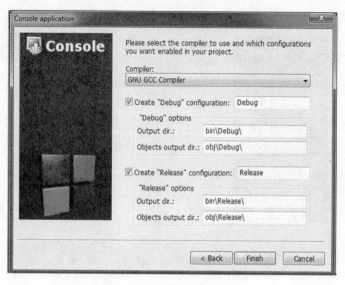

图 A.11　选择编译器类型

一般给对话框中的选项不需要修改。单击[Finish]按钮,则创建了一个为 myproject1 的工程。用鼠标逐级单击,依次展开左侧的 myproject1, Sources, main.cpp,在屏幕右侧显示文件 main.cpp 的源代码,如图 A.12 所示。

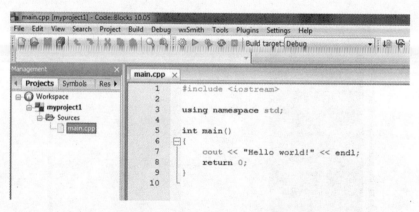

图 A.12　Code∷Blocks 代码编辑界面

2) 添加和移除文件

当建立一个工程后,我们往往需要往工程中添加新文件,工程中不需要的文件则要从工程中移除。我们既可以添加已经存储在计算机里的文件到工程中;也可以创建新文件,然后再添加到工程中。

(1) 添加已有文件。

这里介绍两种给工程添加已有文件的方法,方法一是移动鼠标选择刚建立的工程标题头上(myproject1),按下鼠标右键,弹出一个菜单,如图 A.13 所示。菜单上有几个子菜单项,Add files...是添加文件到工程中;Remove files...是从当前工程中移除文件。

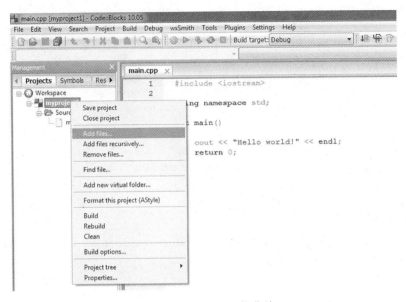

图 A.13　Project 下拉菜单

方法二是从主菜单 Project 选择相应的下拉菜单项。Add files... 用来添加文件到当前工程中；Remove files... 是从当前工程中移除文件。

用鼠标单击上面介绍的 Add files... 菜单项，会弹出一个对话框，如图 A.14 所示。

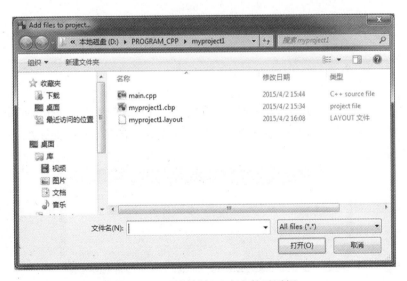

图 A.14　选择添加已有文件对话框

选择要添加的文件，然后单击右下角的[打开(O)]按钮，又弹出一个对话框，如图 A.15 所示。把 Debug 和 Release 全部选择，然后选择[OK]按钮，则把选择的文件添加到了当前工程中。

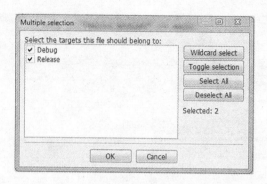

图 A.15 选择文件的目标类型对话框

(2) 添加新建文件。

如果此时计算机里没有我们需要的文件,则需要自己先创建一个新文件。创建新文件的方法很多,可以选择主菜单 File,从下列菜单中选择 New,通过向右的导向箭头打开 New 的子菜单,如图 A.16 所示。

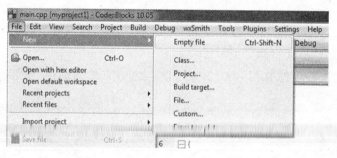

图 A.16 New 子菜单

也可以单击图标 ,同样会弹出下拉菜单。从下拉菜单中选择 Empty file,则 Code∷Block 会询问是否要把这个新文件添加到当前处于激活状态的工程中,如图 A.17 所示。

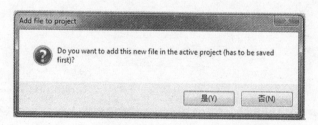

图 A.17 添加新文件到工程选择对话框

如果选择[是(Y)],则新文件会添加到工程中;选择[否(N)],则此文件不会添加到工程。如果选择了[是(Y)],则弹出一个新的对话框,要求给新建的这个文件命名,如图 A.18 所示。

图 A.18　确定保存文件名对话框

假设把这个文件取名为 demo.h,把它保存到新建立的 myproject1 文件夹下面。单击[保存(S)]按钮后,又弹出一个对话框(和图 A.15 相同),询问目标(target)文件属于哪种类型,选中 Debug 和 Release,然后选择[OK]按钮。这样就可以编辑 demo.h 了(文件名后缀为.h 的是头文件),系统自动把它归为头文件,如图 A.19 所示。

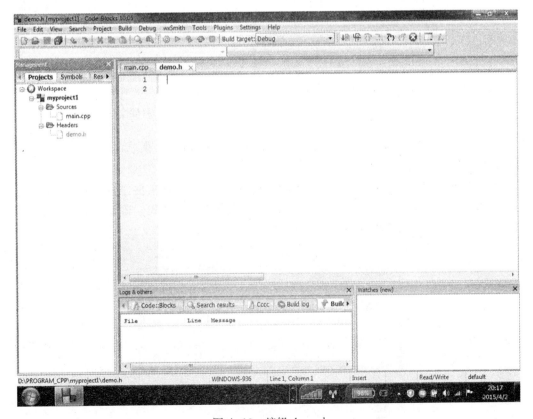

图 A.19　编辑 demo.h

一个目标文件是编译后的文件,可以为 debug 或者 release。Debug 版本的目标文件允许使用调试器对该文件进行测试。一般而言,debug 版本的目标文件通常较大,因为它包含了一些测试的额外信息,release 版本的目标文件一般较小,因为它不包含调试信息。

(3) 移除文件。

前面创建的文件 demo.h 仅仅是为了示例说明如何创建文件,因此并不是 myproject1 所必须的,需要把它从 myproject1 中移除。

这里介绍两种移除文件的方法:

方法一:用鼠标单击 Headers 前面的 ⊞ 图标,这样 Headers 就会展开,选择 demo.h,按下鼠标右键弹出的下拉菜单,选择 Remove file from project 菜单项,则 demo.h 就从 myproject1 中移除了,如图 A.20 所示。

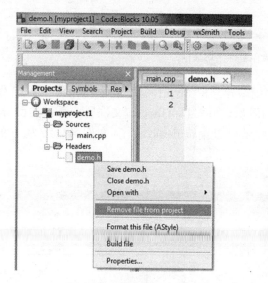

图 A.20　移除文件方法一

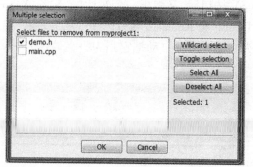

图 A.21　移除文件方法二

方法二:从主菜单 Project 的下拉菜单中选择 Remove files... 菜单项,这样会弹出一个对话框,如图 A.21 所示。

对话框列出了当前处于激活状态的工程 myproject1 的所有文件,选择准备移除的文件 demo.h,然后单击 OK 按钮,还会弹出一个对话框(见图 A.22)让我们确认,选择[是(Y)],则 demo.h 文件就会从当前工程 myproject1 移除。

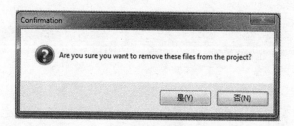

图 A.22　移除文件确认对话框

3) 编辑文件

编辑已经存在的文件前需要首先打开这个文件。打开已经存在文件的方法很多,这里介绍常用的三种方法。

方法一:Code∷Blocks 会记住最近打开过的工程和文件,进入 Code∷Blocks 主界面后就可以看到,如图 A.23 所示,图标 右侧用红色方框框起来的部分 Recent projects 以及 Recent files。用鼠标选择之,就可以打开相应的工程或文件。

图 A.23 Code∷Blocks 主菜单

方法二:在图 A.23 中用鼠标单击标签 Open an existing project 或其左侧的图标 ,则会弹出一个对话框,如图 A.24 所示,提示选择要打开的工程,选中对应的文件名,单击[打开(O)]按钮,即可打开选中的项目。Code∷Blocks 项目后缀名为.cbp。

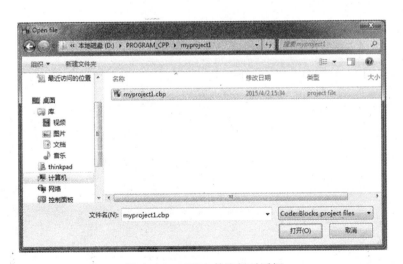

图 A.24 工程文件选择对话框

方法三:从主菜单 File 的下拉菜单中选择 Open 菜单项,这样会弹出一个对话框,类似图 A.24,这里不再赘述。

打开我们已经建立的项目 myproject1,再打开 main.cpp 文件,则右侧显示该文件的源代码,如图 A.25 所示。

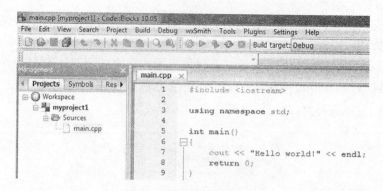

图 A.25 打开工程文件

假设此时想修改此文件的源代码,输入三角形的三条边,计算其面积。首先修改 main.cpp 的源代码,修改完毕后,保存当前文件。

这里介绍常见的保存文件的方法。方法一:用鼠标单击图标 ,如图 A.26 所示。

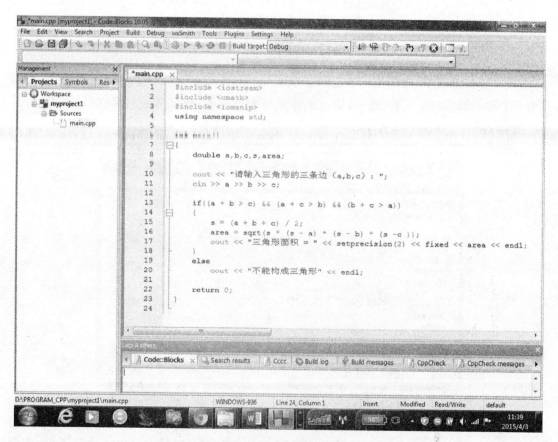

图 A.26 文件保存

方法二:从主菜单 File 的下拉菜单中选择 Save file 菜单项。

假设想保存 myproject1 中的所有文件,可以用鼠标单击图标 ,或者从主菜单 File 的下拉菜单中选择 Save all files 菜单项。在主菜单 File 的下拉菜单中还有 Save all projects 菜单项,用来保存当前工作空间中的所有工程;Save workspace 菜单项,用来保存当前工作空间;Save everything 菜单项,用来保存 Code∷Blocks 已经打开的所有内容。如果想给当前文件创建一个副本,改成其他名字,则在主菜单 File 的下拉菜单中选择 Save file as...,取一个新名字保存;如果想给当前工程创建一个副本,改成其他名字,则在主菜单 File 的下拉菜单中选择 Save project as...,取一个新名字保存。如果想关闭当前文件,则在主菜单 File 的下拉菜单中选择 Close file;如果想关闭所有文件,则在主菜单 File 的下拉菜单中选择 Close all files;如果想关闭当前工程,则在主菜单 File 的下拉菜单中选择 Close project;如果想关闭所有工程,则在主菜单 File 的下拉菜单中选择 Close all projects。

如果编写的代码比较长,有时候可能需要查找和替换某个字符串,主菜单 Search 的下拉菜单可以用来对文件内容进行操作,可以查找和替换等。主菜单 Edit 的下拉菜单提供了更加丰富的功能,其中 Comment(注释)、Uncomment(去掉注释)在编辑文件过程中会经常用到。

4) 编译程序

编辑工程前先从主菜单 Project 的下拉菜单中选择 Build options...,会弹出一个关于 myproject1 的对话框,如图 A.27 所示。左侧列出两个类别:debug 和 release。首先配置 debug 选项,一般而言,只关注 Compiler Flags 选项卡下的 Produce debugging symbols [-g],表示产生调试信息。接着配置 Release,对于普通的应用,只需要选择 Compiler Flags 选项卡下的 Strip all symbols from binary(minimizes size) [-s]和 Optimize fully(for speed) [-O3],在这两项前面打钩即可。

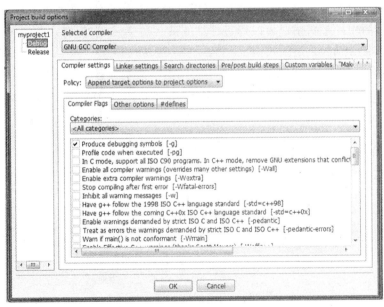

图 A.27 Build options 对话框

图 A.28 Build 菜单项

编译一个工程或者文件的功能都在 Build 下拉菜单,如图 A.28 所示。

Build 还有相应快捷菜单, 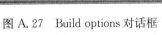 。 表示编译当前工程, 表示运行编译成功的文件, 表示编译并运行, 表示重新编译。如果编译当前文件,可以

使用 Build 下拉菜单中的 Compile current file 选项,也可以展开左侧的工程目录树,移动鼠标到需要单独编译的文件上面,利用鼠标右键弹出菜单中的 Build file 选项。如果想清除上次编译的目标文件,可以使用 Build 下拉菜单中的 Clean 选项。

根据实际需要,可以把目标文件编译成 debug 或者 release 版本,用鼠标从快捷菜单上的 Build target 小窗口进行选中即可。

首先选择编译目标文件为 debug 版本,用鼠标单击快捷菜单上 ⚙ 图标,开始编译工程 myproject1,编译完毕后日志窗口有一些提示信息,如图 A.29 所示。

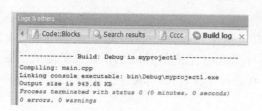

图 A.29　debug 版本编译日志

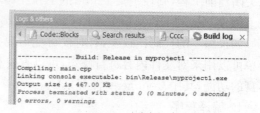

图 A.30　release 版本编译日志

选择目标文件为 release 版本再编译,编译完毕后日志窗口有一些提示信息,如图 A.30 所示。

生成 debug 和 release 版本的二进制文件大小不同,前者由于包含了一些测试信息,所以它的二进制文件较大。

源程序编辑完成后,第一次编译很难保证一次成功,这时需要根据给出的出错信息修改源程序,然后重新编译,可能需要反复多次,直到编译成功。编译成功只说明没有语法错误,但未必没有逻辑错误。程序中比较简单的逻辑错误可以通过在代码中插入输出代码查找发现,但可一些比较复杂的错误则可以使用调试工具帮助检查逻辑错误。

下面写一个例子,用来交换两个同类型变量的值。由于不知道要交换的变量的类型,所以要使用模板。我们先建立一个工程 swap,然后在工程中新建一个文件 swap.h,内容如图 A.31 所示。

```
1  //swap.h
2  #ifndef SWAP_H_INCLUDED
3  #define SWAP_H_INCLUDED
4
5  #include <iostream>
6
7  template <typename T>
8  void swap(T &a, T &b)
9  {
10     T temp = a;
11     a = b;
12     b = temp;
13  }
14
15  #endif // SWAP_H_INCLUDED
16
```

图 A.31　swap.h 代码

```
1  //main.cpp
2  #include <iostream>
3  #include "swap.h"
4
5  using namespace std;
6
7  int main()
8  {
9      int n1, n2 = 2;
10     swap(n1, n2);
11     cout << n1 << " " << n2 << "\n";
12
13     double d1 = 1.1, d2 = 2.2;
14     swap(d1, d2);
15     cout << d1 << " " << d2 << "\n";
16
17     char c1 = 'a', c2 = 'b';
18     swap(c1, c2);
19     cout << c1 << " " << c2 << "\n";
20
21     return 0;
22  }
```

图 A.32　main.cpp 代码

修改 main.cpp,内容如图 A.32 所示。

编译工程 swap，编译信息窗口如图 A.33 所示，总共产生 13 个错误！！！

图 A.33 编译信息

最前面的两个错误提示 '\243' 和 '\273' 不应该出现在程序中。出现这类错误往往是由于出现了全角字符。用鼠标双击第一条错误，光标自动跳到了 main 函数的第 11 行，前面出现一个红色方框，如图 A.34 所示。

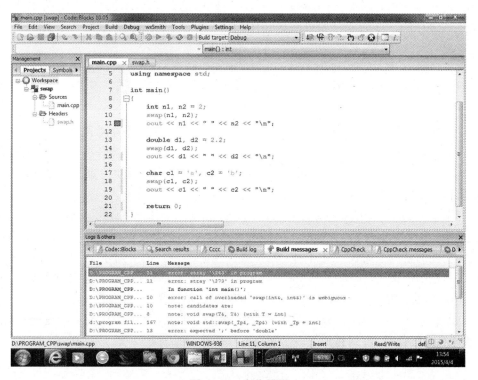

图 A.34 定位错误

仔细观察代码，发现第 11 行行尾的分号是全角的分号，修改为半角的分号，保存后重新编译。仔细观察编译信息窗口，发现原来最前面的两个错误已经改正，但还存在很多错误。行号为 10 的错误提示调用的 swap 函数具有二义性，选中 swap（显示灰色），按下鼠标右键，在弹出的快捷菜单中选择 Find implementation of：'swap'，出现对话框如图 A.35 所示，显示了所有可能的 swap 函数头。

图 A.35　多个 swap 函数头

图 A.36　程序运行结果

居然有四个 swap 函数，第一个是我们自己定义的，后面的三个是系统自己带的。主要是 using namespace std;这行代码会使得整个 std 命名空间的函数都是开放的。可以注释掉 using namespace std;，添加一行 using std::cout;然后重新编译。编译没有发现错误，运行程序，出现结果如图 A.36 所示。如果一定要使用 using namespace std;，在定义函数时要避免和系统定义的函数发生二义性。

观察运行结果，第一行出现的 1993806178 是怎么回事？局部变量 n1 没有赋过值，它的值是不确定的。把第 9 行代码 int n1, n2 = 2; 改成 int n1 = 1, n2 = 2;。

5）调试程序

随着编写的程序代码越来越复杂，往往很难保证一次编译成功并得到期望的结果，即使无语法错误，也可能有逻辑错误，这就需要对程序进行调试以便定位错误。调试程序需要在程序的特定地方设置一些特殊的点，让程序运行到这些位置停下来，以便检查某些变量的值，以帮助查找出程序中的逻辑错误。

选择主菜单 Debug，出现下拉菜单，如图 A.37 所示。观察菜单，可以知道调试有哪些功能；灰色的部分会在"条件"具备时变得可用。移动鼠标到某个菜单项，屏幕的左下角的状态栏有各选中功能的解释。而我们更常用工具栏或快捷键，如图 A.38 所示。

用工具栏中的按钮，比菜单更便捷。将鼠标"浮"在工具栏按钮上，会看到 Run to cursor 和 Next line 等提示信息。这些功能 Debug 菜单也有，但这里更便捷！

● Debug/Continue——可以启动调试功能，另外，如果程序中断在某个断点处，单击该按钮后，程序会继续执行，直到遇到下一个断点或程序执行结束。

● Run to cursor——执行程序，直到运行到光标所在行。

● Next line——执行当前行代码，然后在下一行中断。

● Next instruction——执行下一条汇编语言指令，此功能不常用。

● Step into——跳入当前行调用的函数。

● Step out——跳出正在执行的函数，返回到该函数被调用处。

● Stop debugger——停止调试。如果找到了错误，或者不想继续调试了，就可使用此功能。

图 A.37　Debug 下拉菜单

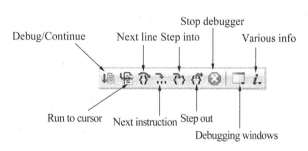

图 A.38　Debug 工具栏

- Debugging windows——显示各种与调试相关的观察窗口,可以查看变量的值,CPU 的寄存器状态,函数调用栈的调用情况等。
- Various info——开启一些比较琐碎的程序执行时的相关信息窗口。

下面首先简述一下程序调试的一般过程,然后通过一个具体的例子讲述调试器的使用。

(1) 调试的一般过程。

首先,要在程序中设置一个点,让程序运行到这个位置暂停,把光标置于想启动跟踪程序运行过程中的这行代码的前一行,再用 Debug 下拉菜单中或者调试程序快捷菜单上的 (Run to cursor)按钮启动调试器。启动调试器的另一种方法是,用 Debug 下拉菜单中的 Toggle breakpoint 选项先设置断点,然后单击 (Start)按钮来启动调试器。

接下来就要告诉跟踪程序运行到哪里再次停下来,以便检查此刻的运行结果,可以把光标置于该代码前,然后再次单击 (Run to cursor)按钮,则程序运行到此处就停下来;也可以用 Debug 下拉菜单中的 Toggle breakpoint 选项再设置新的断点,然后单击 (Continue),则程序运行到刚才设置的断点前停下来。如果在一个断点前再次单击 Toggle breakpoint,则该断点就被删除;如果想删除所有断点,可以用 Debug 下拉菜单中的 Remove all breakpoints。

如果希望每次总是运行到程序下一行前面,可以用 Debug 下拉菜单或者调试程序的快捷菜单上 (Next line)按钮;如果不想每次执行一行代码,希望执行的单位更小,可以逐条执行指令 (Next instruction);如果想运行到某个程序块内部(如调用某个函数)还可以选择 (Step into)按钮,则可以运行到该代码块内;如果希望跳出该代码块,则可以选择 (Step out)按钮。如果希望终止调试器,可以选择 (Continue)按钮,则调试器会自然运行到结束;也可以用 (Stop debugger)按钮,则调试器就会被强制终止。

169

在程序执行到输出语句之前,屏幕始终不显示任何信息。如果希望查看程序中的变量值,则可以从 Debug 下拉菜单中选择 Debugging windows 子菜单的 Watches 选项,也可以从快捷菜单下找到  (Debugging windows)的下拉子菜单的 Watches 选项。

(2) 举例调试。

有一个随机数集合,利用冒泡排序进行排序,然后输出这个集合。建立一个工程,取名 bubblesort,写 5 个文件:bubblesort.cpp 用来实现冒泡排序;bubblesort.h 是其相应的头文件;output.cpp 用来实现随机数集合的输出;output.h 是其相应的头文件;main.cpp 是主调用程序,如图 A.39 所示。

5 个文件代码如图 A.40~图 A.44 所示:

图 A.39 bubblesort 工程结构

```
1   //bubblesort.h
2
3   #ifndef BUBBLESORT_H_INCLUDED
4   #define BUBBLESORT_H_INCLUDED
5
6   void bubblesort(int *, int);
7
8   #endif // BUBBLESORT_H_INCLUDED
```

图 A.40 bubblesort.h

```
1   //bubblesort.cpp
2
3   #include "bubblesort.h"
4
5   void bubblesort(int *arr, int sz)
6   {
7       bool flag;
8       int temp;
9
10      for(int i = 1; i < sz; i++)
11      {
12          flag = false;
13          for(int j = 0; j < sz - i; j++)
14          {
15              if(arr[j] > arr[j+1])
16              {
17                  temp = arr[j];
18                  arr[j] = arr[j+1];
19                  arr[j+1] = temp;
20                  flag = true;
21              }
22          }
23          if(!flag) break; //如果一轮冒泡过程中没有交换发生,排序提前终止
24      }
25  }
```

图 A.41 bubblesort.cpp

```
1   //output.h
2
3   #ifndef OUTPUT_H_INCLUDED
4   #define OUTPUT_H_INCLUDED
5
6   void output(int *, int);
7
8   #endif // OUTPUT_H_INCLUDED
```

图 A.42 output.h

```cpp
//output.cpp

#include "iostream"
#include "iomanip"
#include "output.h"

using namespace std;

void output(int *arr, int sz)
{
    const unsigned int LN = 10;   //每行最多输出10个随机数
    for(int i = 0; i < sz; i++)
    {
        cout << setw(7) << arr[i];
        if( (i+1) % LN == 0)
            cout << endl;
    }
}
```

图 A.43 output.cpp

```cpp
//main.cpp

#include <ctime>
#include <cstdlib>
#include "bubblesort.h"
#include "output.h"

using namespace std;

int main()
{
    const unsigned int SIZE = 100;    //最大数组空间
    srand((unsigned)time(NULL));      //初始化随机数种子

    int sz = rand() % SIZE + 1; //随机数个数为sz个, 0 <= sz < 100
    int *arr = new int[sz]; //动态申请存储随机数的空间

    for(int i = 0; i < sz; i++)
        arr[i] = rand();      //产生随机数

    bubblesort(arr, sz);      //调用bubblesort
    output(arr, sz);          //输出数组内容

    delete []arr;     //释放分配的存储空间

    return 0;
}
```

图 A.44 main.cpp

下面以 bubblesort 工程为例详细介绍调试过程。

a. 启动调试器。

把光标置于 int main 之前，单击 ![] (Run to cursor)按钮，则可以看到一个黄色的箭头 ▷ 出现在第 12 行代码前，同时还会出现一个没有任何输出信息的程序运行结果输出对话框，如图 A.45 所示。

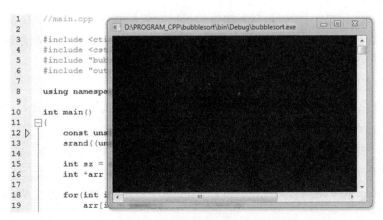

图 A.45 调试器启动后运行状态

b. 打开观察窗口。

为了查看程序运行中变量值的变化情况,需要打开观察变量的窗口。依次选择菜单 Debug—Debugging windows—Watches,也可以也可以从快捷菜单下找到 ▢ (Debugging windows)的下拉子菜单的 Watches 选项,出现 Watches 窗口。为了方便观察整个调试过程布局,拖动 Watches 窗口到右下角,并展开各个变量,如图 A.46 所示。

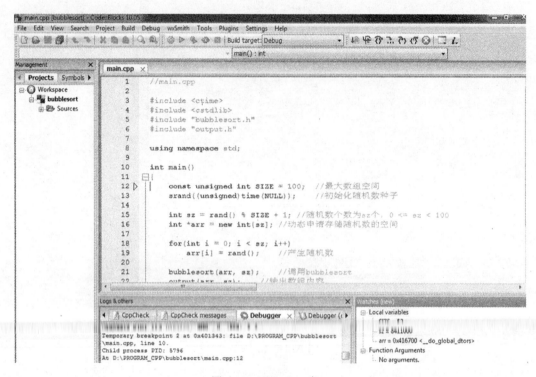

图 A.46　Watches 窗口

此时,从 Watches 窗口中可以看到局部变量都是随机数,因为程序还没有执行到给这些变量赋值的语句。

c. 执行到第 16 行。

把光标放在第 16 行代码前面,单击 ▢ (Run to cursor)按钮,出现界面如图 A.47 所示。

由于第 12～15 行已经执行过,从观察窗口可以看到局部变量 SIZE 和 sz 的值发生了变化(Watches 窗口红色文字表示最近值发生变化的变量),此外日志窗口的调试器(Debugger)栏目也出现了一些文字,显示了 main.cpp 被执行的代码。

d. 执行到 bubblesort 函数。

把光标放在第 21 行代码前面,单击 ▢ (Run to cursor)按钮执行到此行,然后单击 ▢ (Step into)按钮,程序执行进行 bubblesort 函数体,出现界面如图 A.48 所示。

从图 A.48 可以看出,由于执行到 bubblesort 函数的第 9 行,函数参数 arr 和 sz 已经被赋值,但是 flag 和 temp 局部变量都是系统赋予的随机值。

可以利用 Run to cursor,Next line 和 Continue 等工具继续调试,通过 Watches 窗口观察变量的变化。

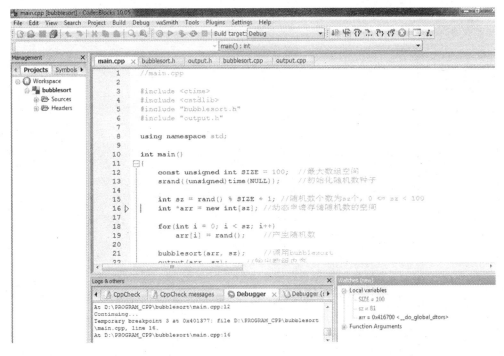

图 A.47　运行到第 16 行的 Watches 窗口

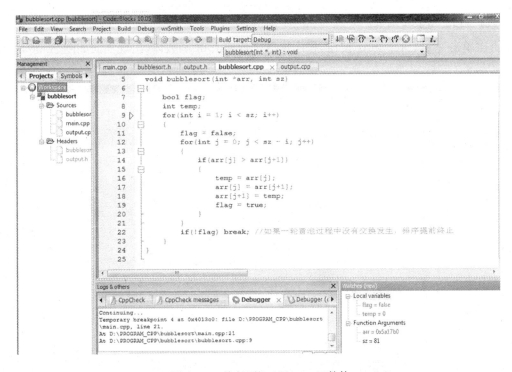

图 A.48　执行到 bubblesort 函数体

单击 (Step out) 按钮，则跳出 bubblesort 函数体，此时 bubblesort 函数已经执行完毕，如图 A.49 所示，重新返回进入到 main 函数体，停在第 22 行前面。

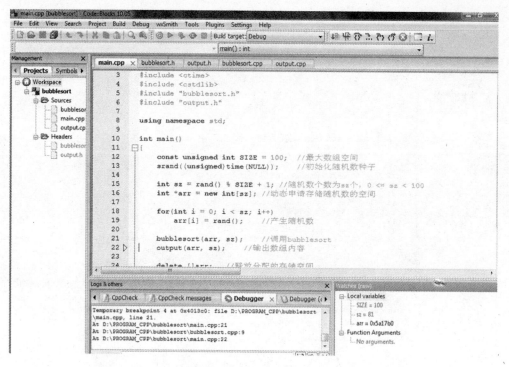

图 A.49 回到 main 函数

e. 执行到 output 函数。

再次单击 (Step into) 按钮，程序执行进行 output 函数体，出现界面如图 A.50 所示。

图 A.50 执行到 output 函数体

从图 A.50 可以看出，由于执行到 output 函数的第 11 行，函数参数 arr 和 sz 已经被赋值，但是 LN 局部变量是系统赋予的随机值。

单击菜单上 ![icon] (Next line)按钮，第 11 行执行完成，观察 Watches 窗口的变化，如图 A.51 所示，局部变量 LN 被赋值，i 局部变量是系统赋予的随机值。

单击 ![icon] (Step out)按钮，则跳出 output 函数体，此时 output 函数已经执行完毕，重新返回进入到 main 函数体，并且程序运行结果窗口输出排序后的随机数集合，如图 A.52 所示。

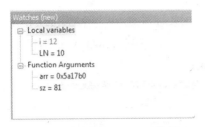

图 A.51　执行到 output 函数第 12 行后 Watches 窗口

图 A.52　执行 output 函数后程序运行结果

为了方便观察程序最终的调试结果，在 main 函数的 return 0;语句前面添加一行代码 system("pause");（调试结束后删除该行）。单击 ![icon] (Continue)按钮继续运行，则输出如下信息，如图 A.53 所示。如果使用的是英文操作系统，最后一行信息可能是：Press any key to continue...。

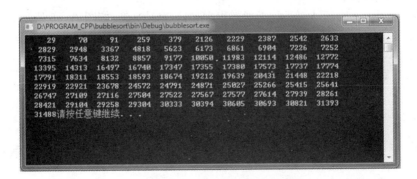

图 A.53　程序运行完毕后的结果

程序运行完毕或想提前终止调试，单击 ![icon] (Stop debugger)按钮即可关闭调试器。

本例子中的程序并没有逻辑错误，运行结果也正确，按理不需要调试。本例只是为了说明如何使用调试器。

（3）命令行参数程序调试。

有一些程序在运行时需要通过命令行方式将参数传递给程序，如何在 Code∷Blocks 中调试带有命令行参数的程序呢？

新建一个工程 main_argument，只含一个 main.cpp 文件。把光标置于 int main 之前，单击 (Run to cursor) 按钮，则可以看到一个黄色的箭头 ▷ 出现在第 7 行代码前，如图 A.54 所示。

图 A.54　main_argument 工程

依次单击 Project—Set program's arguments 菜单项，命令行参数设置对话框出现，如图 A.55 所示，输入两个参数 try this。

在 Watches 窗口单击鼠标右键，出现弹出 Watches 子菜单，如图 A.56 所示。

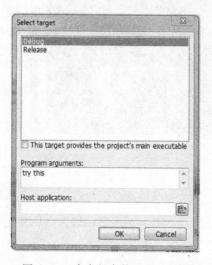

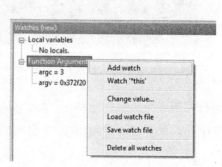

图 A.55　命令行参数设置对话框　　　图 A.56　Watches 子菜单

单击 Add watch 菜单项,出现 Edit watch 对话框,如图 A.57 所示。

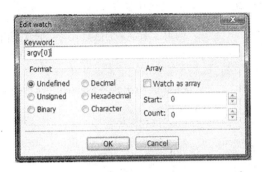

图 A.57　Edit watch 对话框

在图 A.57 的 Keyword 栏目中添加 argv[0],单击 OK。重复上述操作再添加两个关键字 argv[1] 和 argv[2]。Watches 窗口内容变化如图 A.58 所示。

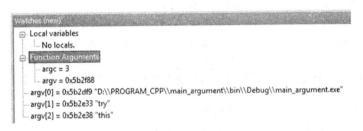

图 A.58　变量观察窗口

第一个参数 argv[0] 为可执行程序的完整目录,第二个参数 argv[1] 为用户输入的 try,第三个参数 argv[2] 为用户输入的 this。

4. 常见编译错误与警告信息英汉对照

常见编译错误的英文提示信息	中文含义	备 注
Ambiguous symbol 'xxx'	具有二义性的符号 'xxx'	两个或多个结构体的某一域名相同,在变量或表达式中引用该域名而未带结构体名时,会产生二义性,此时需在引用时加上结构体名
Argument list syntax error	参数表出现语法错误	函数调用的参数间要以逗号隔开
Array bounds missing]	数组的定界符] 丢失	
Array size too large	数组太大	定义的数组太大,超过了可用内存空间
Assignment of read-only location	对只读的内存空间进行赋值操作	
Assignment from incompatible pointer type	不兼容的指针类型赋值	
Bad file name format in include directive	文件包含指令中文件格式不正确	

(续表)

常见编译错误的英文提示信息	中文含义	备注
Call of non-function	调用了未定义的函数	通常是由于不正确的函数声明或函数名拼写错误
Cannot modify a const object	不能修改一个常量对象	
Case outside of switch	Case 语句出现在 switch 语句之处	通常是由于括号不匹配
Case statement missing :	Case 语句漏掉冒号	
Comparison of unsigned expression＜0 is always false	对无符号表达式小于 0 的比较将永远为假	
Conflicting types for 'xxx'	xxx()函数的函数原型冲突	通常是由于函数调用语句中实参的类型和数量与函数原型不匹配
Constant expression required	需要常量表达式	
Conversion from 'const double' to 'const int' possible loss of data	将 double 型常量数据赋值给 int 常量有可能造成截断误差	
Declaration syntax error	声明出现语法错误	
Default outside of switch	Default 语句在 switch 语句外出现	通常是由于括号不匹配引起的
Different types for formal and actual parameter	函数的形参类型与实参类型不一致	
Division by zero	除数为 0	
do statement must have while	do 语句中必须有关键字 while	
do-while statement missing ;	do-while 语句丢失分号	
Duplicate case	case 情况不唯一	switch 语句的每个 case 必须有一个唯一的常量表达式值
enum syntax error	enum 语法错误	
Enumeration constant syntax error	枚举常量语法错误	
Error writing output file	写输出文件错误	通常是由于磁盘空间已满
Expression syntax error	表达式语法错误	通常是由于括号不匹配或缺失括号、前一语句漏掉了分号等
Extra parameter in call to 'xxx'	调用 'xxx' 函数时出现了多余的参数	通常是由于调用函数时实参个数多于形参的个数
File name too long	文件名太长	通常文件名长度不能超过 64 个字符
for statement missing ;	for 语句缺失分号	
Function call missing)	函数调用缺失右括号	
Function returns address of local variable	函数返回了局部变量的地址	
if statement missing (	if 语句缺少左括号(	
if statement missing)	if 语句缺少右括号)	
Illegal else without matching if	非法的 else,没有与之匹配的 if	有可能是前面邻近的 if 分支的语句漏掉了花括号所致
Incompatible types	不兼容的类型转换	

(续表)

常见编译错误的英文提示信息	中文含义	备注
Invalid l-value in assignment	在赋值语句中出现无效的左值	通常是由于左操作数是常量而不是变量
Left operand must be l-value	左操作数必须是左值	
Local variable 'xxx' used without having been initialized	局部变量 xxx 未初始化就使用了	
Not all control paths return a value	并非所有的控制分支都有返回值	
Out of memory	内存不够	
Pointer required on left side of	操作符左边必须是指针	
Redeclaration of 'xxx'	'xxx' 重定义	
Returning address of local variable or temporary	返回了局部变量的地址	
Size of structure or array not known	结构或数组大小未知	
Structure size too large	结构太大	通常是由于定义结构类型时使用了该结构体类型来定义域名的类型所引起的
Too few parameter in call to 'xxx'	调用 'xxx' 时参数太少	
Type mismatch in parameter 'yyy' in call to 'xxx'	调用 'xxx' 时参数 'yyy' 的数据类型不匹配	
Type mismatch in redeclaration of 'xxx'	重定义 'xxx' 类型不匹配	通常是由于缺少函数原型导致了函数声明与函数定义的类型不匹配
Truncation from 'const double' to 'const float'	将 double 类型常量赋值给 float 常量时将发生数据截断错误	
Undefined symbol 'xxx'	标示符 'xxx' 没有定义	通常是由于字母拼写错误
Unable to create output file 'xxx'	不能创建输出文件 'xxx'	通常由于磁盘空间已满
Unable to open include file 'xxx.xxx'	不能打开包含文件 'xxx.xxx'	通常是由于当前路径下不存在此文件
Unable to open input file 'xxx.xxx'	不能打开输入文件 'xxx.xxx'	通常是由于当前路径下不存在此文件或此文件已损坏
Undefined structure 'xxx'	结构 'xxx' 未定义	
Unterminated character constant	未终结的字符常量	通常是由于丢失单引号
Unterminated string	未终结的字符串	通常是由于丢失双引号
while statement missing (	while 语句漏掉左括号 (	
while statement missing)	while 语句漏掉右括号)	
Wrong number of arguments in of 'xxx'	调用 'xxx' 时参数个数错误	

附录 B　实验报告格式

实验 X　XXXXXXXX

一、实验目的和要求

二、实验内容
  （一）实验准备
  本次实验主要涉及的理论知识介绍。
  （二）实验项目
  主要是"编程题"部分的内容。要求有题目、分析或方案、源程序，并给出测试数据、运行结果。如有异常现象，还要进行分析和总结。

三、实验小结
  主要介绍程序的完成情况，重点、难点以及解决方法，有待改进之处，以及有何收获、体会等。

参考文献

[1] 翁惠玉. C++程序设计:思想与方法[M]. 北京:人民邮电出版社,2012.
[2] Stephen Prata. C++ Primer Plus(第五版)中文版[M]. 北京:人民邮电出版社,2005.
[3] Paul J. Deitel, Harvey M. Deitel. C++ How to Program (5th Edition)[M]. Prentice Hall,2005.
[4] http://www.codeblocks.org/.
[5] Thomas H. Cormen, Charles E. Leiserson, Ronald L. Rivest, Clifford Stein. 算法导论(第三版)[M]. 北京:机械工业出版社出版,2013.
[6] 吴文虎. 程序设计基础. 2版[M]. 北京:清华大学出版社,2004.
[7] 全国计算机等级考试命题研究组. 全国计算机等级考试笔试考试习题集:二级C++语言程序设计(2011版)[M]. 天津:南开大学出版社,2010.
[8] Bruce Eckel. Thinking in C++[M]. 北京:机械工业出版社,2004.
[9] http://train.usaco.org/usacogate.
[10] Cormen T H. Introduction to Algorithms [M]. 北京:高等教育出版社,2001.